탄소중립도시의 이해

일러두기

- 이 저서는 2023년도 서울시립대학교 연구년 연구비 지원으로 발간되었습니다.
- 인명, 작품명, 저서명, 개념어 등은 한글과 함께 괄호 안에 해당 국가의 원어를 병기했습니다.
- 외래어 표기는 현행 어문규정의 외래어표기법을 따랐습니다.

탄소중립도시의 이해

이승일

대한민국, 서울, 커뮤니케이션북스, 2025

탄소중립도시의 이해

지은이 이승일
펴낸이 박영률

초판 1쇄 펴낸날 2025년 7월 31일

커뮤니케이션북스(주)
출판 등록 2007년 8월 17일 제313-2007-000166호
02880 서울시 성북구 성북로 5-11
전화(02) 7474 001, 팩스(02) 736 5047
commbooks@eeel.net
www.commbooks.com

CommunicationBooks Inc.
05-11, Seongbuk-ro,
Seongbuk-gu, Seoul, 02880, KOREA
phone 82 2 7474 001, fax 82 2 736 5047

ISBN 979-11-4300-197-9 93300

책값은 뒤표지에 표시되어 있습니다.

들어가는 말

탄소중립도시의 올바른 이해

국가가 먼저 탄소중립도시를 올바르게 이해해야 한다

지구온난화가 심각한 수준에 이르면서 기후위기는 전 세계에서 가장 심각한 문제의 하나로 자리 잡게 되었다. 지구온난화의 원인으로 지목된 탄소는 비단 지구온난화를 만드는 온실가스의 80%를 차지하고 있기 때문만이 아니라 현대 사회의 물질문명을 이끄는 에너지 생산과 소비의 결과물이기에 더욱 큰 주목을 받고 있다. 지구온난화의 진전을 막기 위해 더 이상 탄소를 배출하지 않으려면 당장 화석연료를 에너지원으로 삼지 말아야 하는데 이는 현대 문명을 포기해야 가능한 일이라 실행할 수 없다. 이런 극단적인 방식 대신, 산업과 일상생활에서 에너지 소비를 절약하는 일부터 시작해, 점차 기존 시설의 에너지 성능을 개선해 나가고, 현재 사용 중인 모든 화석연료 기반 에너지를 재생 가능한 에너지로 전환하는 등 시간을 두고 가능한 일부터 점진적으로 수행한다면 결국 탄소배출은 우려하지 않아도 될 수준으로 줄어들게 될 것이다. 그러나 이와 같은 장기적 접근 방식으로는 이미 대기 중에 배출된 다량의 탄소로 인해 인류가 가까운 장래에 겪을 수 있는 엄청난 기후 재앙을 막을 수 없을 것이다. 자칫하면 탄소배출을 줄이기 위해 많은 수고와 비용을 들였음에도 불구하고 기후위기를 막지 못하는 비참한 결과를 맞이하게 될 수 있다.

전 세계적으로 확실하게 자리 잡은 심각한 위기의식 덕분에 탄소배출을 줄이려는 국제 사회의 노력은 앞으로도 계속 이어지기는 할 테지만, 문제의 핵심은 산업혁명 이후 수백 년 동안 인류가 화석연료를 기반으로 쌓아 온 물질문명의 견고한 체계가 불과 몇십 년 안에 완전히 바뀔 수 없다는 데 있다. 그래서 인류가 감당할 수 있는 현실적 대안으로 탄생한 방안이 바로 탄소중립(carbon neutrality 또는 carbon net zero)이다. 탄소중립은 인간의 활동으로 인해 발생하는 탄소의 배출량을 최대한 줄이고, 남은 탄소는 산림 등으로 흡수하거나 기술적으로 제거해서 실질적인 배출량을 영(零)으로 만들자는 개념이다. 즉 탄소중립은 실현 가능성을 고려해 국가별로 배출되는 탄소량과 흡수되는 탄소량을 같게 해 국가의 '탄소순(net)배출'이 영이 되게 하자는 현실 타협적 접근이라고 할 수 있다.

마침 2018년 IPCC(Intergovernmental Panel on Climate Change: 기후변화에 관한 정부 간 협의체)는 지구 기온 상승을 1.5도로 묶을 방안이 담긴 특별 보고서 즉 『지구온난화 1.5도』를 발간했는데, 이는 지구온난화의 심각성에 대한 국제 사회의 인식을 크게 일깨우는 계기가 되었다. 이 보고서의 영향으로 주요 국가는 2015년 파리협정에 제출한 온실가스 감축 목표를 크게 넘어선 탄소중립을 앞다퉈 선언했고, 이에 동참하여 우리나라도 2020년 10월 28일 '2050 탄소중립'을 선언하기에 이르렀다. 수출에 많이 의존하고 있는 우리 경제 여건을 고려하면 쉽지 않은 결정이었지만, 그만큼 지구온난화의 심각성이 전 세계적으로 고조되었기에 우리나라도 선언에 참여하지 않을 수 없었다. 한발 더 나아가, 우리나라는 2021년 9월 「기후위기 대응을 위한 탄소중립 · 녹색성장 기본법」(이하 「탄소중립기본법」)의 제정을 통해 2050년 탄소중립국가 목표(nationally determined contribution: NDC)를 법제화했다. 지금까지 탄소중립을 법제화한 국가는 유럽연합(EU)을 포함해 17개 국가에 불과하다는 사실에 비추어 보면, 당시 우리나라가 선언한 탄소중립이 얼마나 힘든 목표인지 잘 알 수 있다.

이와 같은 배경에 따라 정부는 도전적인 2050 탄소중립 국가 목표를 성공적으로 달성하기 위해 국가 선언 후 단기간 내에 실행력을 담보할 수 있는 전략을 마련해야만 했다. 지난 약 5년간 숨 가쁘게 추진한 정부의 정책은 크게 세 개의 시기로 구분해 볼 수 있다. 첫 번째 시기는 정부가 2050 탄소중립을 선언한 2020년 10월부터 2050 탄소중립 시나리오를 확정한 2021년 10월까지이고, 두 번째 시기는 그 후부터 국가가 탄소중립 녹색성장 기본계획(이하 국가 기본계획)을 발표한 2023년 4월까지이며, 세 번째 시기는 현재 진행 중인데 국가가 지방자치단체(이후 지자체)로 하여금 자체 탄소중립 녹색성장 기본계획(이하 지자체 기본계획)을 효과적으로 수립하여 집행할 수 있도록 제도와 지원 체계를 마련해야 하는 2030년 내지는 2050년까지 아니 그 이후까지라고 할 수 있다.

첫 번째 시기에 정부가 주로 한 일은 아직 제도적 기반이 제대로 갖추어지지 않은 상태에서도 2050 탄소중립국가 정책이 추진될 수 있도록 기반을 구축한 것이다. 2050 탄소중립선언 직후 2020년 12월 한 달 동안 정부는 관계부처 합동으로 '2050 탄소중립 추진 전략(안)'을 발표하고, 범부처의 TF 구성과 운영을 통해 '2050 장기 저탄소 전략'을 마련한 후 유엔 기후변화협약(UN Framework Convention on Climate Change: UNFCCC)에 제출했다. 이어서 정부는 환경부의 역할을 중심으로 2050년 탄소중립 정책이 명확한 방향성을 갖고 추진될 수 있도록 정교한 탄소중립 시나리오, 즉 '2050년 순 배출량 0'이 실현된 미래상을 전환·산업·건물·수송 등 부문별로 적용하여 만든 시나리오(안)를 2021년 2월에 제시함으로써 부처별 정책 수립에 반영할 수 있도록 했다. 2021년 10월에는 「탄소중립기본법」에 따라 설치된 대통령 소속 '2050 탄소중립녹색성장위원회'(2021년 5월 첫 출범, 이하 탄녹위)가 환경부의 탄소중립 시나리오(안)를 심의·의결함으로써 환경부 시나리오(안)를 '2050 탄소중립 시나리오'로, 2018년 대비 40%를 감축하는 강화된 2030년 목표를 '2030 NDC'로 확정했다. 그해 12월 정부는 확정된 2030 NDC를 UNFCCC에 제출한 후 「탄소중립기본법」 시행령을 통해 법제화했다. 2050 탄소중립 시나리오와 2030 NDC는 정부가 수립해야 할 국가기본계획에서 국가 비전 및 국가 전략, 중장기 감축 목표, 추진 과제 등을 정하는 데 필요한 기초 자료로서의 역할을 할 수 있었다.

두 번째 시기에 정부가 주로 수행한 일은 국가기본계획에 담을 탄소중립국가 전략의 세부 내용과 재정 투자 계획을 확정하고, 국가기본계획의 이행 체계를 구축한 일이다. 2022년 5월 새로운 정부의 시작과 함께 그해 10월 제2기 탄녹위가 출범했고, 같은 시기에 탄소중립 녹색성장 추진 전략을 관계부처 합동으로 수립해 국가 비전("탄소중립, 글로벌 중추 국가로의 도약")을 정하고, 4대 전략과 12대 과제를 마련했다. 이를 위해 정부는 2022년 8월부터 2023년 3월까지 국책 연구기관 전문가 등으로 구성된 '기술 작업반'을 운영하면서 관계부처와의 협의를 거쳐 탄소중립을 위한 관계부처별 추진 과제를 정했다. 2023년 1월부터 3월까지 정부는 주요 배출 업종 관계자(철강, 석유화학, 정유, 시멘트, 반도체 · 디스플레이, 산업 단지, 중소 · 중견기업 등), 학계, 협 · 단체, 지자체 등 '이해관계자'를 대상으로 총 20회에 걸쳐 간담회를 개최함으로써 국가기본계획의 실행력을 강화했다. 이와 같이 폭넓고 바쁜 일정을 거쳐 정부는 '제1차 국가 탄소중립 녹색성장 기본계획'(계획 기간 20년: 2023~2042)을 수립해 대국민 공청회를 2023년 3월에 개최했고, 4월에는 탄녹위 전체회의와 국무회의의 심의 · 의결로 이를 최종 확정했다.

세 번째 시기에 정부가 수행했거나 하고 있는 핵심적인 일은 국가기본계획의 수립을 통해 설정한 2030과 2050 NDC 달성 전략을 성공적으로 추진하기 위해, 지자체로 하여금 자체 기본계획을 수립하고, 집행할 수 있도록 지원 제도를 마련할 뿐 아니라 검증 체계를 갖추는 일이다. 대표적인 일로서, 2023년 4월 환경부는 기존 가이드라인(2022년 6월에 발표)을 개선한 '지자체 탄소중립 · 녹색성장 기본계획 수립 및 추진 상황 점검 가이드라인'을 발표했다. 이에 앞서 2022년 12월 환경부 산하 온실가스 종합정보센터는 지역 온실가스 배출량(2016~2020)을 시범적으로 산정한 결과를 발표했다. 이는 지역의 온실가스 배출 정보와 통계를 지자체에 제공하기 위해 2022년 6월 착수한 첫 기초 자료 조사의 결과였다. 나아가 2023년 5월 산업통상자원부 산하 에너지경제연구원은 국가와 지자체의 에너지 통계를 발표했다. 이 외에도 정부는 국가 온실가스 감축 목표 달성을 위한 지자체의 실질적 역할을 강화하기 위해 현재 부처별로 다양한 지원 방안을 모색하고 있다.

국가가 도전적으로 2050 탄소중립선언을 한 이후, 앞선 두 시기에 걸쳐 2030과 2050 NDC를 달성하기 위해 구체적인 이행 전략을 마련했다. 그러나 국가가 설정하여 국제적으로 인정받은 NDC를 직접 달성하는 역할, 즉 관리 책임은 산업 부문(에너지 전환 포함)에서는 산업체와 기업에게, 공공의 관리 영역에 해당하는 비산업 부문(가정, 상업 · 공공, 도로 수송, 농축산, 폐기물 등)에서는 지자체에게 주어져 있다. 따라서 17개의 시 · 도(2023년 현재)와 226개의 시 · 군 · 구(2019년 현재)로 구성된 우리나라 모든 지자체는 국가로부터 부여받은, 즉 하향식(top-down) 탄소중립의 목표를 지역의 탄소배출 특성을 고려해 달성할 수 있도록 상향식(bottom-up) 탄소중립 계획, 즉 지자체 기본계획을 수립하여 집행해야 한다. 그러므로 국가가 세 번째 시기에 아직 경험이 부족한 지자체가 자체 기본계획을 수립해 집행할 수 있도록 집중적으로 지원 체계를 마련하는 것은 당연한 일이다. 나아가 지자체의 탄소중립 역할은 해당 행정 구역에만 국한한 것이 아니라 모든 지자체의 성과가 모여서 2030과 2050 NDC의 달성으로 이어져야 하므로, 이를 관리해야 하는 국가로서는 현재 법에서 정한 온실가스 종합정보관리체계의 구축 · 운영을 통해 지자체의 성과를 정확하게 파악하여 분석 · 검증하기 위한 효과적인 수단을 갖추는 것은 다른 어떤 일보다 중요하다고 할 수 있다.

지금까지 서문의 많은 지면을 할애해 탄소중립을 위해 지난 5년간 국가가 수행한 주요한 일을 구체적으로 살펴본 이유는 사실 탄소중립을 위한 국가의 목표와 역할과 긴밀하게 연계된 지자체의 목표와 역할을 규명하기 위해서다. 처음에는 국가에서부터 시작된 탄소중립의 목표와 역할이 점차 지자체에게로 넘어가는 과정에서 형성되는 국가와 지자체의 관계를 파악해야만 탄소중립을 위한 지자체의 목표와 역할을 제대로 이해할 수 있기 때문이다. 탄소중립을 위한 국가의 목표를 '탄소중립국가'라고 한다면, 탄소중립을 위한 지자체의 목표는 '탄소중립도시'라고 할 수 있다. 그러나 탄소중립도시를 통해 해당 지자체가 탄소중립의 목표를 달성했더라도 탄소중립국가에 이르지 못했다면, 목표 달성에는 실패했다고 해야 한다. 왜냐하면 2030 나아가 2050 NDC의 달성을 통해서만 탄소중립도시의 목표 달성 여부를 판단할 수 있기 때문이다. 예를 들어 설명하면, 탄소배출량이 월등히 많은 도시와 탄소흡수량이 현격히 많은 도시는 현실적으로 서로 분리되기보다 한 쌍을 이루어야만 탄소중립의 실현이 가능하다는 것이다. 달리 말하면, 개별 도시 차원에서는 탄소중립보다는 순 배출을 최소화할 것을 목표로 삼아 계획해 이행하지만, 모든 도시에서 발생한 탄소순배출량을 국가에서 집계해 검증할 때 탄소중립국가에 도달했다면, 결과적으로 탄소중립국가와 탄소중립도시가 동시에 달성되었다고 할 수 있다. 이때 '탄소중립'의 도시는 도시 차원에서만 보면 잘못 설정된 목표이며 틀린 용어지만, '탄소중립' 국가와의 관계를 통해 본다면 옳다는 것이다. 이 점이 바로 이 책의 저술 목적인 '탄소중립도시의 (올바른) 이해'의 핵심이라고 할 수 있다.

탄소중립국가는 국가와 도시의 관계뿐만 아니라 도시와 도시의 관계까지 고려해야 성공적으로 달성될 수 있다고 했는데, 이를 판단하기 위한 기준은 바로 탄소 또는 온실가스의 배출량이다. 국가적으로 탄소중립을 달성했다는 것은 국가-도시 그리고 도시-도시 간의 복잡한 관계를 총체적(holistic)으로 고려해 탄소배출량을 산정한 결과로 나타날 수밖에 없는데, 이를 위해서는 회계시스템이 필요하다. 일반적으로 회계시스템의 기준은 '돈'이지만, 여기에서는 탄소 또는 온실가스가 돈을 대신하므로 '탄소회계시스템'이라고 하는 것이 더 적합할 것이다. 국가가 탄소중립도시를 올바로 이해했다면, 늦어도 세 번째 시기에 들어서면서부터 정부는 국가-도시 그리고 도시-도시 간의 복잡한 관계를 총체적으로 정립한 분석틀과 이를 통해 탄소순배출량을 산정할 수 있는 탄소회계시스템을 다른 무엇보다 먼저 준비해야 한다고 판단했을 것이다. 이처럼 현재부터 앞으로도 계속 진행될 세 번째 시기에 탄소중립도시의 이해는 지자체뿐 아니라 국가에게도 매우 중요하고 시급하다고 본다.

지난 두 시기 동안 국가가 2030과 2050 NDC를 달성하기 위해 필요한 비전과 추진 전략을 마련하는 데 전력을 다했음은 주지의 사실이다. 현재 진행 중인 세 번째 시기부터 국가는 지자체와 더불어 실제로 로드맵에서 정한 국가의 탄소중립 연차 목표를 달성해 나가야 한다. 그러나 국가가 탄소중립도시의 올바른 이해를 바탕으로 탄소중립의 실질적 이행 주체인 지자체와 함께 국가-도시 그리고 도시-도시의 관계를 고려하며 2030과 2050 NDC의 달성을 도모하기 위한 이행 대책을 시행하지 않는다면 결국 주어진 기간 내에 목표의 달성을 기대하기는 어려울 것이다. 따라서 2030 나아가 2050 그리고 그 이후에까지도 계속될 세 번째 시기를 시작하며, 국가와 지자체에게 가장 필요한 일은 탄소중립도시를 제대로 이해하는 것이라고 할 수 있다. 여기서 간과하지 말아야 할 점은, 탄소중립도시의 이해는 비단 세 번째 시기의 시작에서만이 아니라 진행 내내 발생할 어려움을 해결하는 데 큰 도움이 될 것이라는 사실이다. 그때마다 이 책은 지침서로서의 역할을 할 것으로 기대한다.

이 책의 저술 목적과 구성

지금까지의 탄소중립도시에 관한 많은 저서와 이 책의 차이는 바로 탄소중립도시를 총체적으로 조망하고, 그 효과도 국가의 탄소중립 목표의 달성 여부로 평가하며, 이를 위한 정책 역시 총체적으로 수립·집행하도록 하는 데 있음을 밝혀 둔다. 따라서 이 책의 저술 목적은 학문적으로나 실무적으로 아직까지 실체가 모호한 탄소중립도시의 개념을 명료하게 규명하고, 이를 바탕으로 탄소를 많이 배출하는 현재 우리나라의 도시들을 도시의 특성에 따라 유형으로 나누어, 단기뿐 아니라 중장기적으로 탄소중립도시로 전환하기 위한 체계적 전략을 마련하여 제시함으로써, 정해진 시간 내에 국가가 탄소중립 목표를 달성할 수 있도록 기여하는 데 있다.

이 책을 읽기 전에 먼저 책의 줄거리를 머리에 담아 두기를 원하는 독자를 위하여 이제부터는 '들어가는 말'과 '맺는 말'을 제외하고 모두 6장으로 구성된 이 책의 주요 내용을 장별로 간략하게 요약하여 소개하도록 한다.

1장에서는 탄소 관련 중요한 용어들을 정의했다. 탄소중립은 경제와 환경의 조화로운 발전을 도모함으로써, 모든 세대의 삶의 질을 높이고 생태계와 기후 체계를 보호하며 국제 사회의 지속가능 발전에 이바지함으로써 달성될 수 있는 국가적 대업이다. 따라서 탄소중립을 이루는 데는 모든 사회 구성원의 참여와 소통이 무엇보다 중요하다. 이를 위해 1장에서는 탄소 관련 핵심 용어들을 설명했다.

2장에서는 탄소중립의 목표를 효과적으로 달성하기 위하여 온실가스 인벤토리별로 이행 주체의 역할을 차별적으로 규명했다. 탄소제로보다 유연한 탄소중립은 이행 가능성과 지속가능한 전환의 측면에서 유리하지만, 탄소중립은 국가의 총체적 역할을 기반으로 지자체, 기업, 가정 등 관련 주체의 역할이 온실가스 인벤토리별로 특성에 부합하게 효과적으로 적용돼야 기대한 목표를 달성할 수 있다. 이를 위해 이 책의 2장에서는 탄소중립 이행 주체들의 통합적 역할을 온실가스 인벤토리마다 적용하고 그 기대 효과를 논의했다.

3장에서는 국가의 탄소중립 이행을 위해 제정되어 시행 중인 「탄소중립기본법」뿐 아니라 그와 관련된 법 · 제도들을 국가의 총체적 역할의 원활한 수행의 관점으로 고찰했다. 그 결과 국가의 총체적 역할은, 「탄소중립기본법」에서 제시한 다양한 온실가스 감축 시책들의 특성을 고려해 그들을 효과적으로 적용할 수 있도록 하고, 법과 제도에서 제시하고 있는 모든 시책을 포괄적으로 빠짐없이 적용할 수 있도록 하여 회계적으로 정한 탄소중립 목표를 안정적으로 달성할 수 있게 하는 데 있음을 확인했다.

4장에서는 국가 탄소중립목표 달성의 실질적 이행 주

체인 지자체를 위해 기존 도시에 대한 전환의 방향을 정립할 목적으로 탄소중립도시를 정의했다. 지금까지 소개된 많은 정의를 종합해 정리하되, 지자체의 정책 실무에 구체적으로 적용할 수 있도록, 여기서는 탄소중립도시의 정의를 본질적, 법·제도적, 실체적, 실천적 개념으로 구분하여 순서대로 제시했다. 앞의 두 정의에서는 탄소중립도시가 지향하는 목적을 기존 도시정책의 목적과 비교하여 설명했고, 뒤의 두 정의에서는 탄소중립을 위한 도시정책의 대상을 실체적으로 규명하고, 이들에게 적용해야 할 총체적 시책의 실천적 방안을 규명했다.

5장에서는 4장에서 지자체의 정책 실무 수행을 목적으로 제시한 탄소중립도시의 종합적 정의를 이어받아, 지자체가 효과적으로 시책을 시행할 수 있게끔, 시기와 방식을 기준으로 세 개의 전환 단계를 마련했다. 시기적으로는 단기적 전환, 중장기적 전환, 점증적 전환으로 구분했고, 방식으로는 개별적 시책, 종합적 시책, 총체적 시책으로 나누었다. 앞의 두 단계의 시책은 물리적 조건, 즉 시설과 공간구조를 대상으로 삼고, 세 번째 단계의 시책은 시설 이용자의 활동 방식을 대상으로 하고 있다. 지자체의 시책 시행의 효율성을 위하여 전환 단계를 구분했지만, 지자체 시행자는 전환 단계별 시책들이 도시시스템의 개념을 바탕으로 총체적 연계되어 있음을 간과하지 말아야 한다. 끝으로, 각 전환 단계에서 추정된 시책별 감축 목표량은 검증 과정을 밟아야 하는데, 이를 위해 지자체에 탄소회계시스템이 필요함을 강조했다.

6장에서는 5장에서 지자체가 효과적으로 탄소감축 시책을 시행하게끔 구분한 전환 단계를 지자체의 여건에 맞게 차별적으로 적용하는 방안을 제시했다. 먼저 국내 도시들을 공간구조적 특성을 고려하여 대도시권, 중도시, 소도시의 도시 유형으로 구분했고, 각각에 대하여 차례로 탄소중립도시의 단계적 전환 전략을 수립하는 방안을 제시하여 설명했다. 이는 지자체 실무 부서 담당자로 하여금 자신이 속한 지자체를 대상으로 탄소중립도시 업무를 도시계획과 개발의 업무와 연계시켜 효과적으로 수행하는 데 실질적인 도움을 줄 수 있는 총체적 방안이 될 수 있을 것이다.

이 책의 효과적인 활용을 위한 제안

이 책은 탄소중립도시와 관련된 분야의 대학생과 대학원생의 수업 교재, 대학원생 학위 논문에 인용하기 위한 전공서,

정책 연구나 실무에서 정책 방향의 설정에 도움을 주는 연구서 등의 목적으로 폭넓게 활용될 수 있도록 집필했다. 특히 이 책을 수업의 교재로 사용하고자 하는 경우, 한 학기에 주어진 강의 시간, 즉 총 16주 중에서 첫 주(과목을 소개하는 시간에 이 책의 '들어가는 말'을 활용), 보강 주, 중간고사 주와 기말고사 주 등을 제외하고 남은 12주에 대하여 2주당 1장씩 진도를 나갈 수 있도록 총 6장으로 구성했다.

이 책은 탄소중립도시에 관심이 많은 일반인에게 교양서로서 읽힐 수 있도록 단순한 문장으로 집필되었다. 전문 용어의 사용도, 가급적 책 안에 전문 용어에 대한 설명을 제공하여 바로 이해할 수 있게 했다.

이 책이 교양서로 읽히든, 강의 교재나 전공 서적으로 활용되든, 이 책을 통해 지구온난화를 걱정하는 데서 한발 더 나아가 기존의 도시를 탄소중립도시로 전환해 기후위기를 극복하는 실천 방안을 모색하는 독자들이 늘어나게 된다면, 이 책은 충분히 제 역할을 다했다고 할 수 있을 것이다.

2025년 2월 28일

서울시립대학교 배봉관에서

차례

01
탄소 관련 용어의 정의

에너지와 이산화탄소

'온실가스(GreenHouse Gases: GHGs)'란 적외선 복사열을 흡수하거나 재방출하여 온실효과를 유발하는 대기 중의 가스 상태의 물질로서 이산화탄소(CO_2), 메탄(CH_4), 아산화질소(N_2O), 수소불화탄소(HFCs), 과불화탄소(PFCs), 육불화황(SF_6) 등의 기체가 대표적이다. 「탄소중립기본법」 제2조의 용어 정의에 따르면, 온실가스가 바로 지구온난화의 주범이다(이충환, 2018). 그러나 우리가 상식적으로 알고 있는 바와 달리 본래 온실가스가 하는 역할은 지구가 비슷한 온도를 유지하게 하는 것이다. 온실가스는 태양으로부터 지구로 유입하는 짧은 파장의 태양 복사열을 통과시키지만, 지구로부터 유출하는 긴 파장의 복사열을 흡수함으로써 지구를 보온하는 역할을 하는데, 이를 온실에 비유하여 '온실효과(greenhouse effect)'라고 부르고 있다. 온실가스는 마치 지구를 둘러싼 온실의 비닐 또는 유리의 역할을 하며 지구 안을 보온하는 온실효과를 만들어 낸다는 것이다. 온실효과는 차디찬 우주에 떠 있는 지구에 살고 있는 생명체에게 절대적으로 필요한 기능이지만, 최근 대기 중에 온실가스의 양이 과도하게 많아지면서 지구 밖으로 빠져나가지 못하는 복사열이 늘어나게 되어 지구의 내부 온도가 빠르게 오르고 있다. 사람들은 이런 과도한 온실효과의 현상을 '지구온난화(global warming)'라고 부른다.

지구에 사는 생명체에게 유용한 온실가스가 지구온난화의 주범이 된 책임은 전적으로 인류에게 있다. 지구를 보온하는 수준의 온실효과는 온실가스의 급격한 증가로 인하여 지구에 복사열을 더 많이 가두어 두면서 온도가 크게 올라 지구온난화로 이어졌다. 온실가스의 급격한 증가는 인류가 방출한 결과이므로 인류가 바로 지구온난화의 주범이라는 것이다. 다시 말하자면, 현재의 급격한 기후변화는 인류가 이산화탄소와 메탄과 같은 온실가스를 많이 방출해서 일어난 현상이라는 것이다. 우리가 특히 주목해야 할 온실가스가 바로 이산화탄소다.

이산화탄소(이하 탄소)는 전체 온실가스 배출량의 약

80% 이상을 차지하고 있다. 탄소가 온실가스를 대표하는 기체로 알려진 이유는 단지 높은 배출량의 비중 때문만은 아니다. 탄소는 18세기 중반 영국에서 시작된 산업혁명 이래 전 세계에 걸쳐 형성된 현대 문명을 일으킨 에너지와 밀접하게 연관되어 있다(이승일, 2022). '에너지'란 연료 · 열 및 전기를 말하고, 여기서 '연료'란 석유 · 가스 · 석탄(화석연료), 그 밖에 열을 발생하는 열원을 말한다(산업통상자원부의 「에너지법」 참조). 특히 '화석연료'는 오래전 지구상에 서식했던 유기체의 잔존물로 인하여 생성된 에너지 자원을 말하는데, 인간이 사용하는 여러 가지 에너지 자원 중 한 가지 형태로서 높은 비율의 탄소를 포함하고 있다. 화석연료를 열원으로 삼아 에너지를 얻기 위해선 이를 연소시켜야 하는데, 그 과정에서 화석연료가 산화하면서 이산화탄소와 물을 배출한다. 탄소는 지구계 안에서 대기, 물, 지층, 생물계 등에 나뉘어 분포하며 순환하는데, 온실가스로 알려진 이산화탄소는 지층에 유기물의 사체에 갇혀 있다가 채굴된 후 화석연료로 연소되어 대기권으로 옮겨진 것을 말한다(Klötzli, 1989). 화석연료는 단위 무게당 엄청난 에너지를 생산하므로, 21세기 현대에 이르기까지 여전히 중요한 에너지 자원으로 여겨지고 있다. 따라서 탄소는 산업혁명 후 지금까지 사용된 화석연료의 소비량에

비례하며 엄청나게 대기 중으로 방출되었고, 지구계의 탄소 순환 용량은 제한적이라, 대기권의 탄소는 물, 지층, 생물계 등으로 순환되지 못하고 대부분 대기 중에 축적되었다. 이에 따라 대기권에 온실가스의 양은 급격하게 증가하게 되었고, 이는 온실효과를 지구온난화로 변질시킨 것이다.

탄소는 주로 에너지 생산과 산업 공정에서 화석연료를 연소하면서 발생해 왔다. 탄소를 배출하는 대표적 화석연료로 지금까지 석유와 석탄을 꼽고 있다. 석유는 자동차나 항공기, 선박 등 운송 수단의 동력원이 될 뿐 아니라, 화력발전, 석유 화학 공업, 각종 공업 등의 원료로 쓰이기 때문에 현대 사회에서 가장 중요한 화석연료다. 석탄은 석유보다는 중요도가 낮은 편이지만, 싼값으로 인해 아직까지 전력 생산에 많은 비중을 차지하는 화력 발전을 위해 사용된다. 특히 석탄 중에서도 무연탄은 92%의 탄소로 이루어져 있어서 가장 많은 양의 탄소를 방출한다. 화석연료의 사용은 온실가스의 급격한 증가로 인해 최근 들어 '세계적(global) 환경 문제'로 여겨지고 있지만, 지구온난화 이전에도 이미 화석연료의 연소 시설에서 배출하는 대기 오염물질은 시설 주변에 거주하는 주민에게는 심각한 '지역적(local) 환경 문제'로 받아들여져 왔다.

지역적 환경 문제로 알려진 대기 오염의 경우 화석연료의 연소 시설 주변으로만 환경 문제가 국한되는 것과 달리, 세계적 환경 문제인 지구온난화는 온실가스를 배출하지 않는 전 세계의 곳곳에도 피해를 준다. 이런 특성으로 인해, 한편으로 전 세계의 모든 국가가 탄소의 배출을 줄이는 강력한 대책에 동참하게 만드는 이유가 되기도 하지만, 다른 한편으로는 탄소저감을 위한 에너지와 산업 정책이 경제에 부정적 영향을 미치기 때문에, 지구온난화로 인한 피해가 크지 않거나 간헐적인 많은 국가와 사회에서는 이처럼 국민으로부터 인기를 얻지 못하는 정책을 적극적으로 시행하지 못하는 것을 당연하게 여기고 있다.

다행히 탄소와 같이 세계적 환경 문제를 일으키는 산업 부산물을 대상으로 삼아 전 세계 국가와 사회의 꾸준한 노력을 통해 성공적으로 방출을 줄인 사례가 존재한다. 이를 살펴보면, 세계적으로 탄소를 감축하는 행동을 추진하는 데 시사점을 찾을 수 있을 것이다. 성공적인 사례란 바로 염화불화탄소(CFCs), 일명 프레온가스의 이용 규제를 말한다. 세계 기상 기구(WMO)는 유엔 환경 계획, 미국 항공우주국(나사), 유럽연합(EU) 집행 위원회 등과 공동으로 작성한 『2022 오존층 고갈에 대한 과학적 평가』 보고서에서 염화불화탄소 규제를 위한 '몬트리올 의정서'가 발효된지 33년 만에 지구 대기권의 오존층이 뚜렷하게 회복되고 있다고 밝혔다(신기섭, 2023). 냉장고 냉매나 에어로젤 스프레이, 폴리우레탄 단열재 등에 많이 쓰이는 염화불화탄소의 사용이 늘면서, 1960년대 이후 지구 극지방에서 오존층의 구멍이 확인되기 시작했고, 이는 극지방 주민을 중심으로 피부암을 유발하는 원인으로 밝혀지게 되었다. 이에 유엔은 1987년 오존층 파괴 물질 사용을 규제하는 '몬트리올 의정서'를 채택했고, 1989년 1월 정식 발효됐다. 오랜 시간이 걸렸지만 전 세계적으로 꾸준히 염화불화탄소의 사용을 억제해 온 결과, 지구 대기권의 오존층이 뚜렷하게 회복되었다는 사실은 지구온난화를 막는 세계적 행동에 귀감이 될 수 있을 것이다.

염화불화탄소의 세계적 이용 규제를 통해 오존층을 회복시킨 역사적 사건이 지구온난화를 막기 위한 온실가스의 배출 규제에서도 빛을 발하려면, 두 규제의 차이를 명확하게 알아야 한다. 그 차이는 바로 범용성에서 찾을 수 있다. 즉 염화불화탄소의 경우 이용 목적이 제한적이지만, 이산화탄소, 즉 탄소는 에너지와 산업, 교통수단 등 경제 · 사회 전반에 걸쳐 폭넓게 관련되어 있으므로 탄소저감 정책의 이행이 훨씬 어렵다는 점이다.

이를 뒷받침하는 사실로, 캐나다의 '지속가능개발 국제

연구소(IISD)'가 2023년 8월에 공개한 보고서에 따르면, 2021년 10월 영국 글래스고에서 개최한 제26차 유엔 기후변화협약(UNFCCC) 당사국총회(COP26)에서 120개 국가 정상이 탄소감축을 약속했던 것과 달리, G20 국가들은 2022년 화석연료를 위한 공적 자금으로 1조4000억 달러(약 1874조 원)를 투입했는데, 이는 2019~2021년 평균치의 2.4배에 달한다는 것이다(신기섭, 2023). 공적 자금의 투입이 급격하게 늘어난 주된 이유로 러시아가 우크라이나를 침공하면서 전 세계적으로 에너지 가격이 폭등한 점을 들고 있지만, 이는 그만큼 세계적인 에너지 공급에서 현재의 화석연료에 대한 높은 의존성을 의미하는 것이라 염화불화탄소와는 차이가 크다고 할 수 있다. 향후 전 세계의 노력에 의해 탄소의 배출량은 줄어들 것으로 보인다. 그러나 오존층의 회복을 위해 소요된 33년의 시간보다도 훨씬 긴 시간이 걸릴 것으로 예상된다.

우리나라는 2021년 12월 2030년까지 2018년 탄소배출량(7억2760만 톤)의 40%를 감축하여 4억3660만 톤으로 줄이겠다는 약속을 UNFCCC에 제출했다. 이는 10년 동안 연평균 약 4%의 탄소배출을 감축해야 하는 규모다. 그러나 2023년 7월 온실가스 종합정보센터의 발표에 따르면, 2022년에는 2021년보다 3.5% 감소했으나, 이로써 잔여 기간의 감축 비율은 오히려 연평균 약 4.06%로 증가하게 되었다. 다시 말하자면, 우리가 지금 탄소감축을 늦출수록 이후에는 더 고통스러운 시간을 보낼 수밖에 없다는 것이다. 따라서 우리가 당장 시급하게 해야 할 일은 모든 영역에서 탄소감축을 위한 대책을 치밀하게 마련해 시행하는 것이겠지만, 그 전에 우리가 현재 방출하고 있는 탄소배출량을 정확하게 파악하여 감축 정책의 실효성을 제고하는 것이 무엇보다 중요하다.

탄소배출량의 산정

환경부의 「온실가스 목표관리 운영 등에 관한 지침」에 따르면, 온실가스 배출량을 정량화하는 것을 '산정'이라고 정의하고, 산정을 위해서는 '계산'하거나 '측정'하도록 하고 있다. 온실가스의 실제 배출량을 정확하게 산정하려면 측정하는 것이 맞지만, 현재 기술로 대기 중에 방출된 모든 온실가스를 빠짐없이 측정하기는 힘든 실정이다. 게다가 개별 온실가스의 배출 원인, 즉 '배출원'(온실가스를 대기로 배출하는 물리적 단위 또는 프로세스)에 대응하여 감축 대책을 마련하려면 배출량을 배출원별로 구분해서 파악해야 하는데, 이를 위해서는 계산을 통한 산정이 더 효과적이다. 이와 같은 이유로 우리나라에서는 배출원에서 온실가스를 배출하거나 에너지를 소비하는 일련의 활동을 말하는 '배출 활동'에 단위 활동 자료당 발생하는 온실가스 배출량을 나타내는 계수(係數), 즉 '배출계수'를 곱하여 계산하는 방법을 주로 사용하고 있다(국토연구원, 2022).

「탄소중립기본법」 제2조의 용어 정의에 따르면, '온실가스 배출(활동)'을 사람의 활동에 수반하여 발생하는 온실가스를 대기 중에 배출 · 방출 또는 누출시키는 '직접배출'과 다른 사람으로부터 공급된 전기 또는 열(연료 또는 전기를 열원으로 하는 것만 해당)을 사용함으로써 온실가스가 배출되도록 하는 '간접배출'로 구분하고 있다. 직접배출과 간접배출로 분류되는 배출 활동의 양(예, 연료 사용량, 차량 주행 거리, 매립지에 투입되는 고형 폐기물의 양 등)은 배출계수를 통해 온실가스의 배출량으로 계산될 수 있다.

국가에서 한 해 동안 방출한 온실가스 총배출량을 계산하기 위해서는 직접배출과 간접배출에 해당하는 모든 배출 활동을 빼놓지 않고 목록으로 만들어야 한다(환경부, 2023). 이 목록을 '온실가스 인벤토리(GHG Inventories)'라고 부른다. 인벤토리는 원래 재고 관리에서 쓰이는 용어로서 재고 목록을 의미하는데, 온실가스에 인벤토리를 결합한 이 용어는 기업이나 국가, 지자체 등이 정한 조직 경계 안에서 다양한 배출 활동에 따라 직·간접적으로 발생하는 모든 온실가스 배출량을 산정하고, 이를 목록화하는 작업을 말한다(환경부, 2023). 이 용어를 단순히 사전적으로만 이해하게 되면, 온실가스 인벤토리는 자칫 산정 대상 조직에 따라 제각기 다양하게 구축될 수 있는 것으로 여겨지기 쉽다. 그러나 온실가스 인벤토리의 본질적 사용 목적은 일정 기간 지구의 대기권에 방출된 온실가스를 국가별로 산정한 결과를 합산하여 파악하려는 데 있기 때문에, 모든 국가에서 산정한 온실가스 인벤토리뿐 아니라 한 국가 안에서도 모든 하위 기관들과 기업들에서 산정한 온실가스 인벤토리는 공통적으로 세계 표준 통계 체계에 맞추어 구축되어야 하는 것이다. 따라서 유엔 산하 국제 협의체인 IPCC(Intergovernmental Panel on Climate Change)는 전 세계에 온실가스 인벤토리를 표준적으로 적용하기 위한 지침(이하 'IPCC GL')을 제시하여 사용하도록 권하고 있다(IPCC, 1996).

이와 같은 배경에 따라, 정부는 「탄소중립기본법」 제36조를 근거로 삼아 국가 및 지역별 온실가스 배출량·흡수량, 배출·흡수계수 등 온실가스 관련 각종 정보 및 통계를 개발 · 분석 · 검증 · 작성하고 관리하는 '온실가스 종합정보관리체계'(이하 종합정보관리체계)를 구축 · 운영하며, 이를 위하여 환경부에 '온실가스 종합정보센터'(이하 종합정보센터)를 설치하고 있다. 종합정보센터는 국가 온실가스 인벤토리 업무의 총괄 기관으로서 IPCC GL에 따라 온실가스 인벤토리를 에너지, 산업 공정, 농업, LULUCF(Land Use, Land-Use Change and Forestry), 폐기물 등 5개 분야로 구분하여, 분야별로 국가 온실가스 인벤토리 산정 · 검증 방법을 규정한 '국가 온실가스 통계 산정 · 보고 · 검증 지침'(이하 통계작성지침)을 매년 관장 기관에 제공해야 한다. 종합정보센터는 분야별로 관장 기관이 매년 3월 31일까지 제출한 전년도 국가 온실가스 배출량, 배출계수, 온실가스 관련 정보 및 통계 등을 취합 · 검증하여 확정된 통계('국가 온실가스 인벤토리 보고서')를 매년 12월31일까지 인터넷 홈페이지에 공개해야 한다(온실가스 종합정보센터, 2022).

일반적인 판단 기준과 달리, UNFCCC에 따라 국가 온실가스 인벤토리 산정 및 보고를 의무적으로 수행하고 있는 부속서 1 국가들은 인벤토리 방법론 개선이나 배출계수 개발이 우선적으로 필요한 부문을 결정하기 위해 2006 IPCC GL에서 제시하고 있는 주요 배출원 분석(key category analysis)을 수행하게 한다. 그 이유는 바로 주요 배출원으로 평가된 배출 활동은 국가 온실가스 배출량에 미치는 영향력이 크므로 해당 배출 활동의 산정 방식을 고도화하고 품질을 관리하는 데 주의가 요구되기 때문이다. 우리나라는 아직 강제적으로 온실가스 감축 의무를 부담해야 하는 40개 대상국(부속서 1 국가)에 속하지는 않지만, 그럼에도 불구하고 우리나라 온실가스 인벤토리로 산정된 국가 온실가스 배출량을 국제적으로 인정받으려면 국가 인벤토리에 대한 엄격한 품질 보증(QA)과 품질 관리(QC)가 필요하다. 따라서 종합정보센터는 분야별 산정 기관의 인벤토리 품질 관리 절차와 수준을 표준화하기 위하여 2013년에 품질 보증과 관리 체크리스트를 개발했으며, 각 분야의 관장 기관은 매년 인벤토리 산정 시 QA/QC 활동에 이를 활용하도록 하고 있다.

지금까지 6개의 가스 유형으로 넓혀 살펴보았던 온실가스 대상 범위를 이제부터는 다시 탄소로 좁혀서 살펴보도록 한다. 왜냐하면 탄소는 전체 온실가스 배출량의 약 80% 이상을 차지하고 있고, 전 세계적으로 에너지 공급에서 영향력이 큰 에너지 자원인 화석연료에 주로 포함되어 있어서 "탄소는 곧 에너지"(이승일, 2022)임을 의미하기 때문이다. 사실 온실가스 관련 용어의 정의에서 탄소를 온실가스와 동일하게 여기는 경우가 흔한 것이 사실이다. 대표적인 사례가 바로 탄소중립이다. 「탄소중립기본법」에 따르면, '탄소중립'은 대기 중에 배출 · 방출 또는 누출되는 온실가스의 양에서 온실가스 흡수의 양을 상쇄한 순 배출량이 영(零)이 되는 상태를 의미하고 있다. 이처럼 법적인 용어 정의에서도 탄소와 온실가스를 엄격하게 구분하고 있지 않다. 탄소중립을 온실가스중립이라고 불러도 상관이 없다는 것이다. 이것 때문에 용어의 사용에 혼돈이 생기기는 하지만 그렇게 심각한 문제는 아닐 수 있다. 그러나 문제는 탄소와 다른 온실가스를 구별해야만 하는 지점에서 발생한다. 즉 LULUCF(토지이용, 토지이용의 변화 및 임업 활동 등)에 의하여 대기로부터 탄소가 제거되는 원리를 제대로 설명하려면 온실가스 흡수라고 부르지 말고, 반드시 '탄소흡수'라고 해야 한다. 그래야 '흡수원'을 탄소배출원의 반대되는 용어로서 대기로부터 탄소를 제거하는 물리적 단위 또는 프로세스라고 부를 수 있게 된다. 나아가 국가 온실가스 인벤토리 산정에 활동 자료와 함께 사용되는 탄소배출계수의 반대 용어가 바로 '흡수계수'라고 할 수 있다는 것이다. 결국 '온실가스 배출량'과 '탄소배출량'의 차이는 온실가스 인벤토리 산정 분야에서 전체 온실가스를 대상으로 삼는지 아니면 탄소에 국한한 좁혀진 분야를 대상으로 여기는지에 있다는 것이다. 이를 무시하고 온실가스와 탄소를 습관적으로 동일하게 여기며 사용한다면, 탄소중립을 위한 대책을 올바르게 마련하지 못할 우려가 커질 수밖에 없다.

탄소배출의 저감과 탄소흡수의 증진

이 책의 서론에서 언급했듯이, 인류가 지구온난화를 막으려면 전 세계에서 발생하는 탄소배출량을 0(영)으로 만들어야 하지만, 탄소는 곧 현대 문명을 지탱하는 에너지이므로 현재로선 결코 0으로 만들 수 없다. 그래서 인류는 활동을 통해 방출하는 탄소배출량을 최대한 줄이되 더 이상 줄일 수 없는 배출량을 자연 생태계의 흡수 기능과 과학의 발전에 의존한 포집 기술을 통해 감쇠시켜서 순 배출량이 0이 되도록 하는 "현실 타협적 탄소중립"(이승일, 2022)의 개념을 도입했다. 여기서 말하는 탄소중립의 개념은 탄소저감을 위한 모든 노력을 한 후의 탄소배출량이 탄소흡수량과 '탄소포집량'을 합한 것과 같아져야 함을 의미한다. 따라서 한 국가나 사회가 탄소중립에 도달하려면 조직의 경계 안에서의 모든 활동의 수행에서 탄소의 발생을 줄이려는 노력과 탄소흡수량과 탄소포집량을 늘리려는 노력을 병행해 추진해야만 한다.

이와 같은 현실 타협적 탄소중립의 전략에 대하여, 「탄소중립기본법」은 '온실가스 감축'을 기후변화를 완화 또는 지연하기 위해 온실가스 배출량을 줄이거나 흡수하는 모든 활동으로 정의하고 있다. 달리 말하자면, 탄소중립(또는 온실가스 중립)에 가까워지기 위한 모든 활동을 총칭할 때 이 용어를 사용할 수 있다는 의미다. 예를 들면, 우리나라가 국제 사회에 약속한 2030과 2050 NDC 목표를 달성하기 위해 정부는 매년 이행 목표를 정해야 하는데, 여기에 온실가스 감축의 용어를 적용함으로써 이를 국가 '온실가스 감축 목표'라고 부를 수 있게 되었다(관계부처 합동, 2023). 즉 배출(+)과 흡수(-)의 개별 온실가스 인벤토리에 대해 설정된 목표들을 집계하면, 해당 연도의 온실가스 감축 목표가 된다는 것이다.

그러나 2050 탄소중립의 달성을 위해 온실가스 감축 목표를 설정하고, 매년 이행 성과를 모니터링하여 목표에 미달하는 인벤토리에 대해서는 개선 방안을 모색해야 하는 상위 계획 · 관리의 주체인 국가와 달리, 국가로부터 부여받은 인벤토리의 목표를 달성하기 위해 대책을 마련하고 이행해야 하는 중 · 하위 실행 주체인 지자체(비산업 부문)

또는 기업(산업 · 전환 부문)에게는 상위 주체가 제시한 인벤토리보다 더 상세한 수준의 인벤토리가 필요하다. 이를 고려하여, 지역사회 규모 온실가스 인벤토리를 위한 글로벌 프로토콜(Global Protocol for Community-Scale Green House Gas Inventories, 이하 GPC)은 지자체로 하여금 상위 주체인 국가가 제시한 5개 '분야(sectors)'의 온실가스 인벤토리에 대하여 그 하위 항목으로서 '부문(sub-sectors)'뿐 아니라 그 아래에 추가적인 분류 범주로서 '하위 범주(sub-categories)'를 둘 수 있도록 했다(World Resources Institute, 2021). 이 책에서는 국가와 지자체의 온실가스 인벤토리를 서로 비교할 수 있도록 하나의 표에 정리하여 제시했다(〈표 1-1〉 참조).

〈표 1-1〉은 국가 통계 작성을 위한 온실가스 인벤토리(IPCC, 1996)와 국가/지자체 기본계획 감축 목표 설정을 위한 온실가스 인벤토리(관계부처 합동, 2023; 환경부, 2023)를 항목별로 서로 비교할 수 있도록 제시했다. 우선 국가 통계 작성을 위한 온실가스 인벤토리(〈표 1-1〉의 맨 왼쪽 열)를 살펴보면, 5개의 인벤토리는 자체 분야에 속한 다양한 부문과 하위 범주 인벤토리에서 산출된 온실가스 배출 · 흡수량을 집계하는 데 기준점의 구실을 한다. 이 통계를 통해 매년 인벤토리별 배출 · 흡수량의 구성 비율과

표 1-1 국가와 지자체의 온실가스 인벤토리 비교

<table>
<tr><th rowspan="2">IPCC GL 온실가스 인벤토리</th><th colspan="2">국가 온실가스 인벤토리</th><th colspan="3">지자체 온실가스 인벤토리</th><th rowspan="2">비고</th></tr>
<tr><th>구분</th><th>부문</th><th>구분</th><th colspan="2">부문/하위 범주</th></tr>
<tr><td rowspan="4">에너지</td><td rowspan="9">배출</td><td>전환</td><td rowspan="12">직접 배출</td><td colspan="2">해당 없음</td><td rowspan="15">• 우리나라는 IPCC GL에 따라 5개 분야에 대한 국가 온실가스 인벤토리 통계를 작성하고 있음.

• 제1차 국가기본계획에서는 10대 부문에 대해 중장기 온실가스 감축 목표 설정했음.

• 지자체 온실가스 인벤토리는 지자체의 관리 권한이 있는 부문/하위 범주와 관리 권한 외 부문('해당 없음'으로 표시)으로 구분했음.</td></tr>
<tr><td>수송</td><td>수송</td><td>도로</td></tr>
<tr><td rowspan="2">건물</td><td rowspan="2">건물</td><td>상업/공공</td></tr>
<tr><td>가정</td></tr>
<tr><td>산업 공정</td><td>산업</td><td colspan="2">해당 없음</td></tr>
<tr><td>농업</td><td>농축수산</td><td colspan="2">농업</td></tr>
<tr><td>폐기물</td><td>폐기물</td><td colspan="2">폐기물</td></tr>
<tr><td rowspan="2">해당 없음</td><td>수소</td><td colspan="2">해당 없음</td></tr>
<tr><td>탈루 등</td><td colspan="2">해당 없음</td></tr>
<tr><td>LULUCF</td><td rowspan="3">흡수 제거</td><td>흡수원</td><td colspan="2">LULUCF</td></tr>
<tr><td rowspan="5">해당 없음</td><td>CCUS</td><td colspan="2">해당 없음</td></tr>
<tr><td>국제 감축</td><td colspan="2">해당 없음</td></tr>
<tr><td rowspan="3">해당 없음</td><td rowspan="3">해당 없음</td><td rowspan="3">간접 배출</td><td colspan="2">전력</td></tr>
<tr><td colspan="2">열</td></tr>
<tr><td colspan="2">폐기물</td></tr>
</table>

시계열의 비교가 가능하고, 국가끼리도 온실가스의 배출 · 흡수 특성을 비교할 수 있다.

다음 수준으로, 국가기본계획 감축 목표 설정을 위한 온실가스 인벤토리(〈표 1-1〉의 왼쪽에서 두 번째 열)에서

는 탄소배출 비율이 높은 에너지 분야를 '전력 생산(이하 전환)', 수송, 건물 등 3개의 부문 인벤토리로 세분하고, 흡수원과 성격이 유사한 2개 부문의 인벤토리를 추가했다. 이렇게 설정된 10대 부문 온실가스 인벤토리를 '배출'과 '흡수 · 제거'의 범주로 구분함으로써 탄소중립 전략에 따라 인벤토리별 정책 과제의 목표가 탄소배출의 저감인지 아니면 탄소흡수의 증진인지를 명료하게 설정하도록 했다. 흡수 · 제거의 범주에서 흡수원(LULUCF) 부문 인벤토리는 잘 알고 있으나, CCUS(Carbon Capture, Utilization and Storage, 이하 탄소포집)와 국제 감축에 대해서는 추가적인 설명이 필요하다. 환경부의 「온실가스 목표관리 운영 등에 관한 지침」에 따르면, '이산화탄소포집 및 이동'(이하 탄소포집)이란 관리업체 조직 경계 내부의 탄소가 배출되는 시설에서 관리업체의 조직 경계 내부 및 외부로의 이동을 목적으로 이산화탄소를 대기로부터 격리한 후 포집하여 이동시키는 활동을 말한다고 하고 있다. 이를 쉽게 말하면, 탄소포집은 국가 경계 안에서 배출된 탄소(carbon)를 포집(capture)하여 자원으로 활용(utilization)하거나, 지하나 해저 등 경계 밖으로 이동시켜 장기간 저장(storage)하는 활동을 의미하는데, 이를 위해서는 아직 기술적으로 해결해야 할 문제가 많고, 적지 않은 비용을 수반

할 뿐 아니라 저장 용량, 즉 흡수량도 많지 않은 상황이다. '국제 감축' 인벤토리는 '온실가스 배출권의 할당 및 거래' (이하 '배출권 거래')를 의미한다. 환경부의 「온실가스 배출권의 할당 및 거래에 관한 법률」에 따르면, '배출권'이란 중장기 국가의 온실가스 감축 목표를 달성하기 위하여 설정된 '온실가스 배출 허용 총량'의 범위에서 개별 온실가스 배출 업체에 할당되는 '온실가스 배출 허용량'을 말하고, '배출권거래제(emission trading system: ETS)'는 이 중 남는 배출량을 시장 기능을 활용하여 거래할 수 있도록 한 제도를 의미한다. 여기서 배출권거래제는 온실가스 배출 업체에 적용하기 위해 만들어졌으나 국가 간에도 적용될 수 있다. 즉 국제 감축은, 국가마다 탄소중립을 위한 감축 목표의 범위 안에서 온실가스 배출 허용량을 배출할 수 있는 권한이 국제적으로 부여되는데, 이 한도를 넘은 배출량에 대해 정해진 양을 다 사용하지 못하는 국가로부터 배출권을 구매함으로써 초과 배출량을 제거할 수 있음을 의미한다. 따라서 국가는 배출뿐 아니라 흡수 · 제거의 범주에 속한 온실가스 인벤토리에 대한 감축 정책을 통해서도 탄소중립을 위한 국가 감축 목표의 달성을 현실 타협적으로 모색할 수 있다는 것이다.

마지막으로, 중 · 하위 수준의 지자체(시 · 도는 중위 수준, 시 · 군 · 구는 하위 수준의 지자체)의 기본계획 감축 목표 설정을 위한 온실가스 인벤토리(〈표 1-1〉의 왼쪽에서 세 번째 열)에 대해서 살펴보도록 한다. 국가의 온실가스 인벤토리는 '산업 · 전환 부문'(산업, 전환, 수소, 탈루 등)과 '비산업 부문'(건물, 수송, 농업, 폐기물, 흡수원 등) 모두를 대상으로 삼고 있는 것과 달리, 지자체의 인벤토리는 지자체에게 '관리 권한'이 있는 비산업 부문을 대상으로 삼는다. 관리 권한 밖의 부문일지라도, 지자체의 노력으로 추가적인 감축이 가능한 경우에는 감축 목표에 포함할 수 있다. 지자체 온실가스 인벤토리의 가장 두드러진 특성은 직접배출과 간접배출의 구분이 필요하다는 점이다. 온실가스 배출의 대부분이 조직의 경계 안에서 일어나는 국가의 경우와는 달리, 지자체에서는 조직의 경계를 넘는 배출 활동이 많기 때문인데, 이를 위해서 다음 같은 온실가스 인벤토리에 대한 Scope의 정의를 살펴보아야 한다(World Resources Institute, 2021; 저자 수정).

- Scope 1: 조직의 경계 안의 배출원에서 나오는 온실가스 배출량
- Scope 2: 조직의 경계 안에 있는 공급망으로부터 제공되는 전기, 열, 증기 또는 냉기 등을 사용

하는 데서 나오는 온실가스 배출량

- Scope 3: 조직의 경계 안에서 이루어진 활동의 결과로 경계 바깥에서 발생하는 기타 모든 온실가스 배출량

지자체가 기본계획의 감축 목표를 정할 때, 에너지와 폐기물 분야의 인벤토리에 대해서는 Scope 2와 3의 유형을 혼합적으로 적용해야 하는데, 이를 위한 일반적인 기준은 없고 지자체의 상황에 맞추어 정해야 한다. 지자체 온실가스 인벤토리의 구분에 있어서 직접배출과 간접배출의 범주 구분으로 인하여 드러나지는 않고 있지만, 국가 인벤토리와 마찬가지로 배출과 흡수의 범주 구분은 인벤토리마다 필요하다. 왜냐하면 온실가스 감축의 목적은 탄소중립의 달성에 있고, 온실가스 감축 목표는 탄소중립 목표에 맞추어져 있기 때문이다.

기후위기 적응과 지속가능한 전환

「탄소중립기본법」에 따르면, '기후변화'란 사람의 활동으로 인하여 온실가스의 농도가 변함으로써 상당 기간 관찰

되어 온 자연적인 기후 변동에 추가적으로 일어나는 기후 체계의 변화를 말한다. '기후위기'란 기후변화가 극단적인 날씨뿐만 아니라 물 부족, 식량 부족, 해양 산성화, 해수면 상승, 생태계 붕괴 등 인류 문명에 회복할 수 없는 위험을 초래하여 획기적인 온실가스 감축이 필요한 상태를 말한다고 하고 있다. 따라서 인류는 기후변화를 완화 또는 지연해 기후위기에 이르지 않게 하기 위한 온실가스 감축의 노력을 적극적으로 펼쳐야 한다. 그러나 대표적 온실가스인 탄소는 곧 현대 문명을 지탱하는 에너지를 의미하므로 현재로선 결코 0으로 만들 수 없다. 그래서 인류는 현실 타협적인 탄소중립 전략을 도입하여 탄소의 흡수 · 제거를 통해 초과 배출량을 상쇄함으로써 탄소순배출량을 0으로 만들 수 있는 길을 열어 두었다. 현재 국가가 설정한 온실가스 감축 목표는 국가의 탄소중립 과정으로써 2030(중간)과 2050(최종) NDC를 달성하기 위하여 설정된 것이다.

우리나라는 2020년 10월 28일 2050 탄소중립을 선언한 이후 지금까지 국가의 탄소중립을 달성하기 위한 목표설정뿐 아니라 모든 부문의 온실가스 인벤토리에 대한 감축 대책을 마련해 왔다. 이제는 온실가스 감축의 실질적인 주체라고 할 수 있는 지자체와 기업, 특히 국민의 다양한 활동에서 비롯하는 비산업 부문 인벤토리에 대한 관리 권한이 있는 지자체가 감축 목표와 이행 대책을 마련하고 있는 중이다. 따라서 아직까지는 각종 감축 대책 이행의 효과가 어떻게 나타날지는 확인하지 못한 상태다. 그러다 보니 이 책을 서술하고 있는 지금 우리 사회는 우리나라가 약속한 시점에 탄소중립을 달성하는 것이 그리 힘든 일이 아니라고 여기는 것 같다. 그러나 정해진 감축 목표에 맞추어 탄소배출량을 줄이려면 그만큼 그 원인이 되는 활동 자체를 억제하거나 적지 않은 비용을 들여 활동의 방식을 바꾸어야 하는데, 아직까지 뚜렷한 사회적 실천의 움직임이 포착되고 있지 않으니, 감축의 효과가 미미할 것을 예상하는 것은 오히려 당연하다. 이는 비단 우리나라에만 국한한 문제는 아니다. 전 세계적으로 에너지 공급에서 아직까지 화석연료에 대한 의존성이 월등히 높으므로 가까운 장래에 지구 차원에서 탄소중립을 기대하기는 힘들 것이다. 그 결과, 불행히도 지구온난화로 인한 피해는 세계 곳곳에서 끊임없이 발생할 것으로 보인다.

이와 같은 상황을 제대로 인지해서 그런지, 국가는 탄소중립의 달성을 위한 노력을 계속하되, 지구 차원에서 탄소중립이 이루어지지 못함에 따라 닥칠 기후위기 상황에도 적응할 수 있도록 이미 제도적으로 대비하고 있다. 「탄소중립기본법」에 따르면, '기후위기 적응'이란 기후위기에 대한 취약성을 줄이고 기후위기로 인한 건강 피해와 자연재해에 대한 적응 역량과 회복력을 높이는 등 현재 나타나고 있거나 미래에 나타날 것으로 예상되는 기후위기의 파급 효과와 영향을 최소화하거나 유익한 기회로 촉진하는 모든 활동을 말한다. 즉 기후위기 적응을 두 가지의 방향으로 동시에 추진하자는 것인데, 첫째, 갈수록 심각해지는 기후위기의 피해를 줄이기 위한 시설의 개선, 극심한 기온에 따른 극빈층과 노약자의 건강 피해 예방과 관리 등에 대책을 강구하겠다는 것이다. 둘째, 기후위기의 피해가 전 세계적 현상으로 자리매김할 것이므로, '기후변화 및 기후위기에 대응하기 위한 기술'(이하 '기후변화 대응 기술' 또는 '기후위기 대응 기술') 개발을 촉진하여 국민 경제 발전에 이바지하도록 하겠다는 것이다(과학기술정보통신부의 「기후변화 대응 기술개발 촉진법」 참조). 여기서 기후위기를 유익한 기회로 촉진한다고 함은 '타인의 불행을 나의 행복으로 삼는' 이기적 발상에서보다는 기후위기의 예방에 민간의 참여를 적극적으로 유인하기 위한 동기에서 비롯되었다고 봐야 한다.

국가적으로 기후위기를 유익한 기회로 촉진함과 관련해, 「탄소중립기본법」에 따르면, '녹색경제'란 화석에너지의 사용을 단계적으로 축소하고 녹색기술과 녹색산업을 육성함으로써 국가 경쟁력을 강화하고 지속가능 발전을 추구하는 경제를 말한다. 나아가 '녹색성장'이란 에너지와 자원을 절약하고 효율적으로 사용하여 기후변화와 환경 훼손을 줄이고 청정에너지와 녹색기술의 연구 개발을 통해 새로운 성장 동력을 확보하며 새로운 일자리를 창출해 나가는 등 경제와 환경이 조화를 이루는 성장을 말하고 있다. 즉 국가는 녹색경제의 기조에 따라 국가 경제의 건전성과 경쟁력을 강화하고 성장 잠재력이 큰 새로운 녹색산업을 육성 · 지원하는 데 힘을 쏟아야 할 것이다.

기후위기는 녹색기술과 녹색산업을 통해 국가 경제성장의 새로운 기회가 되기도 하지만, 동시에 탄소중립사회로의 이행 과정에서 취약한 계층 · 부문 · 지역에는 더 큰 피해를 입힐 수 있다. 「탄소중립기본법」에 따르면, '기후정의'란 기후변화를 야기하는 온실가스 배출에 대한 사회계층별 책임이 다름을 인정하고 기후위기를 극복하는 과정에서 모든 이해관계자들이 의사 결정 과정에 동등하고 실질적으로 참여하며 기후변화의 책임에 따라 탄소중립 사회로의 이행 부담과 녹색성장의 이익을 공정하게 나누어 사회적 · 경제적 및 세대 간의 평등을 보장하는 것을 말하고 있다. 여기서 중요한 것은 '정의로운 전환'으로서, 이에 따라 국가는 탄소중립사회로 이행하는 과정에서 직간접적 피해를 입을 수 있는 지역이나 산업의 노동자, 농민, 중소 상공인 등을 보호하여 이행 과정에서 발생하는 부담을 사회적으로 분담하고 취약 계층의 피해를 최소화하는 정책 방향을 펼쳐야 한다는 것이다.

지금까지 살펴본 바를 종합하면, 탄소중립의 전략은 우리가 안고 있는 현실 여건을 고려한 실용적인 접근으로서 지속가능성의 원칙과 매우 유사함을 알 수 있다. 국무조정실의 「지속가능발전기본법」 제2조의 용어 정의에 따르면, '지속가능성'이란 현재 세대의 필요를 충족하기 위해 미래 세대가 사용할 경제 · 사회 · 환경 등의 자원을 낭비하거나 여건을 저하(低下)시키지 아니하고 이들이 서로 조화와 균형을 이루는 것을 말한다. 게다가 '지속가능 발전'이란 지속가능한 경제 성장과 포용적 사회, 깨끗하고 안정적인 환경이 지속가능성에 기초하여 조화와 균형을 이루는 발전을 말한다고 하는데, 이는 탄소제로 대신 탄소중립의 길을 택하는 전략과 맥을 같이하고 있다. 따라서 탄소중립사회를 위한 정의로운 전환은 곧 '지속가능한 전환'이라고 하는 것이 더 적절할 것이다.

탄소중립은 온실가스 감축 및 기후위기 적응 대책을 강화하는 사회로의 이행 과정에서 발생할 수 있는 경제적 ·

환경적 · 사회적 불평등을 해소하며 녹색기술과 녹색산업의 육성 · 촉진 · 활성화를 통해 경제와 환경의 조화로운 발전을 도모함으로써, 모든 세대의 삶의 질을 높이고 생태계와 기후 체계를 보호하며 국제 사회의 지속가능발전에 이바지함으로써 달성될 수 있는 국가의 대업이라고 할 수 있다. 따라서 탄소중립을 이루는 데는 모든 사회 구성원의 참여와 소통이 무엇보다 중요하다. 이를 위한 첫걸음으로 이 책의 1장에서는 탄소 관련 핵심적인 용어들을 정의했다. 이에 기반한 사회적 논의가 활발히 진행된다면, 탄소중립을 위한 지속적이고 효율적인 계획-시행-검증-개선의 순환 사이클이 원활하게 작동할 수 있을 것이다.

참고문헌

관계부처 합동(2023). 탄소중립 · 녹색성장 국가전략 및 제1차 국가 기본계획: 중장기 온실가스 감축목표 포함.

신기섭(2023.1.10). 구멍난 오존층이 메워지고 있다…“매년 200 만명 피부암서 구해”. ≪한겨레≫.

신기섭(2023.8.24). 화석연료에 보조금 1874조원 태운 G20… “탈탄소 약속 무색”. ≪한겨레≫.

온실가스 종합정보센터(2022). 『2021 국가 온실가스 인벤토리 보고서』. 환경부.

이승일(2022). 『탄소중립도시를 위한 역세권 개발론』. 커뮤니케이션북스.

이충환(2018). 『지구온난화 어떻게 해결할까?』. 동아엠앤비.

환경부(2023). 지자체 탄소중립 · 녹색성장 기본계획 수립 및 추진상황 점검 가이드라인.

IPCC(1996). Revised 1996 IPCC Guidelines for national greenhouse gas Inventory. IPCC, United Nations Environment Programme, Organization for Economic Co-Operation and Development, International Energy Agency, Japan.

IPCC(2000). Good practice guidance and uncertainty management in national greenhouse gas inventories, The National Greenhouse Gas Inventories Programme,

Montreal, Canada.

IPCC(2003). Good practice guidance for land use, land-use change and forestry, IPCC, United Nations Environment Programme, Organization for Economic Co-Operation and Development, International Energy Agency, Japan.

IPCC(2006). 2006 IPCC Guidelines for national greenhouse gas Inventory, IPCC, United Nations Environment Programme, Organization for Economic Co-Operation and Development, International Energy Agency, Japan.

Klötzli, F. A.(1989). Ökosysteme: Aufbau, Funktionen, Störungen, Gustav Fischer Verlag, Stuttgart.

World Resources Institute(2021). Global Protocol for Community-Scale Greenhouse Gas Emission Inventories: An accounting and reporting standard for cities, version 1.1. 국토연구원 옮김(2022). 『지역사회 규모의 온실가스 인벤토리를 위한 세계 규약: 도시를 위한 산정 및 보고 표준 개정판 1.1』. 세계국토총서 22-201. 국토연구원.

02

탄소중립의 이행

탄소중립 개념의 실체

「탄소중립기본법」에 따르면, '탄소중립'은 대기 중에 배출 · 방출 또는 누출되는 온실가스의 양에서 온실가스 흡수의 양을 상쇄한 순 배출량이 영(零)이 되는 상태를 말한다. 여기서 온실가스는 곧 탄소를 의미하고, 탄소는 바로 현대 문명의 기초라고 할 수 있는 에너지 자체를 뜻한다(이승일, 2022). 현대 사회는 화석연료, 즉 탄소로 이루어진 에너지 자원에 대해 아직까지 높은 의존도를 보이고 있기 때문에 탄소배출량을 급격히 0으로 만들 수 없다. 그러므로 1장에서도 언급했듯이, 인류는 활동을 통해 방출하는 탄소배출량을 최대한 줄이되 더 이상 줄일 수 없는 배출량을 자연 생태계의 흡수 기능과 과학의 발전에 의존한 포집 기술을 통해 감쇠시켜서 순 배출량이 0이 되도록 하는

"현실 타협적 탄소중립"의 개념을 도입한 것이다. "탄소중립 개념의 탄생"에 따라, 국가는 국가의 경계 안에서 발생하는 모든 활동의 수행에서 탄소의 발생을 줄이기 위한 노력과 탄소흡수량과 탄소포집량을 증가하려는 노력을 함께 추진함으로써 탄소순배출량을 0으로 만들 수 있게 되었다.

이처럼 탄소중립의 개념을 국가 차원에 적용하는 것은 단순한데, 그 이유는 국가 온실가스 인벤토리가 배출과 흡수 · 제거의 범주로 명료하게 구분되기 때문이다(1장 〈표 1-1〉 참조). 반면에 지자체 차원에서는 온실가스 인벤토리가 직접배출과 간접배출의 범주로 구분되어 있고, 직접배출의 범주에 속한 인벤토리에 대해서 다시 배출과 흡수 · 제거의 세부 범주로 나뉘므로, 탄소중립 개념의 적용이 복잡할 수밖에 없다. 이 책에서 중점적으로 다루고자 하는 복잡한 지자체의 탄소중립에 대해서는 4장부터 논의를 시작하기로 하고, 여기서는 배출 총량과 흡수 · 제거 총량을 같게 만드는 단순한 탄소중립의 개념, 즉 국가 탄소중립에 대해서 먼저 살펴보기로 한다.

우리나라는 탄소중립의 목표를 기준 연도인 2018년의 총배출량(7억2760만 톤CO_2eq, 이하 톤)에 대하여 2050년까지 총순 배출량을 0으로 만드는 것으로 설정했다. 나아가 누적 탄소배출량도 비슷한 감소의 비율로 감축해 나가기 위해, 2021년 10월 우리나라는 중간 연도, 즉 2030년의 감축 목표를 기준 연도의 총배출량의 40%(2억9100만 톤)를 감축한 총순 배출량(4억3660만 톤)으로 설정했다. 다시 말하자면, "2050 탄소중립은 100%, 2030 탄소중립은 40%의 감축"라고 할 수 있다.

그러나 2023년 3월에 발표한 제1차 국가 탄소중립 · 녹색성장 기본계획(이하 국가기본계획)에 따르면, 지난 2021년 10월에 정한 2030 온실가스 감축 목표가 수정되었는데, 기준 연도의 총배출량(7억2760만 톤) 대비 40%(2억 9100만 톤)를 감축한 후의 총순 배출량(4억3660만 톤)은 변함이 없지만, 부문 온실가스 인벤토리에서는 변화가 생겼다(〈표 2-1〉 참조). 즉 배출의 범주에서는, 전환 부문에서 100% 재생에너지(renewable energy 100%, RE100)에서 더 나아가 RE100에 원자력 발전과 연료 전지 등을 포함한 무탄소 에너지(carbon free energy, 이하 CFE)의 발전 비중 증가로 배출량의 감소(400만 톤 감소), 산업 부문에서 기업 부담의 경감을 위해 배출량의 증가(790만 톤 증가), 수소 부문에서 수소 생산을 위한 발전량의 확대로 인한 배출량 증가(80만 톤 증가) 등으로 총배출량 목표는 490만 톤 늘어나는 것으로 변했다(〈표 2-1〉 참조). 반면에

표 2-1 국가 온실가스 인벤토리 부문별 배출량 2030 감축 목표

(단위: 백만 톤CO2eq, 괄호는 2018년 대비 감축률)

구분	부문	2018 실적	2030 목표	
			기존 ('21.10)	수정 ('23.03)
총(순) 배출량		727.6	436.6 (40.0%)	436.6 (40.0%)
배출	전환	269.6	149.9 (44.4%)	145.9 (45.9%)[1)]
	산업	260.5	222.6 (14.5%)	230.7 (11.4%)
	건물	52.1	35.0 (32.8%)	35.0 (32.8%)
	수송	98.1	61.0 (37.8%)	61.0 (37.8%)
	농축수산	24.7	18.0 (27.1%)	18.0 (27.1%)
	폐기물	17.1	9.1 (46.8%)	9.1 (46.8%)
	수소	(-)	7.6	8.4[2)]
	탈루 등	5.6	3.9	3.9
흡수 제거	흡수원	(-41.3)	-26.7	-26.7
	CCUS	(-)	-10.3	-11.2[3)]
	국제 감축	(-)	-33.5	-37.5[4)]

출처: 제1차 국가 탄소중립·녹색성장 기본계획(관계부처 합동, 2023, 21쪽).

※ 기준 연도 배출량은 총배출량, 2030 배출량은 총순 배출량(총배출량 - 총흡수·제거량)

1) 태양광, 수소 등 청정에너지의 확대로 4백만 톤 추가 감축.

2) 수소수요 최신화(블루수소 +10.5만 톤), 블루수소 관련 탄소포집량은 CCUS에 반영(0.8백만 톤).

3) 국내 CCS 잠재량 반영(0.8백만 톤), CCU 실증 결과 등을 고려한 확대(0.1백만 톤).

4) 민관협력 사업 발굴 및 투자 확대 등을 통해 국제 감축량 4백만 톤 확대.

흡수 · 제거의 범주에서는 CCUS(90만 톤 증가)와 국제 감축(400만 톤 증가)으로 총흡수 · 제거량은 기존 목표보다 (-)490만 톤 증가하여, 총배출량의 증가를 상쇄할 수 있도록 했다(〈표 2-1〉 참조). 요약하면, 감축 목표 수정 전과 후를 비교할 때 "2030 40% 탄소중립"을 위한 총순 배출량에는 차이가 없는데, 이는 수정 후에 배출의 범주에서 총배출량에 대한 감축 목표가 후퇴한 만큼 흡수 · 제거의 범주에서 총흡수 · 제거량을 강화했기 때문이다.

이처럼 탄소중립은 감축 목표를 설정하는 데 유연성이 커서 탄소제로보다 목표를 달성할 가능성이 높다. 이를 통해 탄소중립사회로의 전환 과정에서 발생할 수 있는 경제적 · 환경적 · 사회적 불평등을 해소함으로써 지속가능한 전환(1장 4절 참조)을 이루는 데 유리한 것은 사실이다. 그러나 우리가 성공적으로 탄소중립에 도달했다고 하더라도, 0이 된 탄소순배출량을 구성하는 탄소총배출량과 탄소총흡수 · 제거량이 지나치게 많다면, 정작 지구 차원에서는 적기에 지구온난화를 막지 못할 확률이 커짐을 우려해야 한다. 우리나라와 마찬가지로 많은 나라에서 경제 및 사회적인 이유로 탄소총배출량을 감축 목표만큼 줄이지 못하게 되면, 경쟁적으로 총흡수 · 제거량 특히 국제 감축에 의존하여 초과 배출량의 문제를 해결하고자 할 것이기 때문이다. 여기서 국제 감축에 의한 탄소 제거량이란 국가 간 배출권거래제(ETS)에 따라 온실가스 배출 허용량을 다 사용하지 못한 국가로부터 배출권을 구매함으로써 확보할 수 있는 탄소배출량을 의미한다. 즉 국가의 경계 안에서 탄소중립을 달성하는 것이 아니라 경계 밖의 다른 나라의 탄소중립 초과 달성에 의존한다는 것이다. 전 세계적으로 온실가스 배출 허용량을 다 사용하지 못한 국가가 충분히 많아서 초과 배출한 국가들의 배출량을 모두 제거할 수 있다면 다행이겠지만, 그렇게 할 수 있었다면 지구 차원의 기후위기 상황은 애초에 발생하지 않았을 것임을 간과하지 말아야 한다.

산업혁명에서 비롯된 기후위기를 극복하려면 산업 사회를 후기 산업 사회로 전환해야 한다(이승일, 2022). 즉 첨단 과학과 미래 기술의 개발과 활용을 통해 대량 생산에서 소량 주문 생산으로 바꾸어 불필요한 탄소배출을 억제하고(이승일, 2019), 화석연료 에너지를 청정에너지(RE100과 CFE)로 바꾸어 탄소 발생을 원천적으로 막는 등 "적극적인 탄소중립"의 사회로 전환해야 한다. 반대로 후기 산업 사회 대신 산업 사회에 집착하면서, ETS에 의존하고, 에너지 소비의 근본적인 저감보다는 화석연료를 원자력 발전으로 대체하려는 등 "소극적인 탄소중립"의 사회를 모색하려는 접근 방식에서는 벗어나야 할 것이다. 이를 위해 적극적인 탄소중립을 평가할 수 있는 산정 방식이 필요한데, 이 책에서는 '탄소중립 적극도'(이하 PCND: proactive carbon neutrality degree)의 지표를 제안하고자 한다. 이 지표의 계산식은 다음과 같다.

PCND = 1 - [(총순 배출량 - 국제 감축량) ÷ 기준 연도 총 배출량)] [식 1]

이 식에서 PCND가 1에 가까울수록 적극적인 탄소중립으로 평가할 수 있다. 즉 국제 감축량 부문을 제외한 총순 배출량이 0이라면, PCND는 1이 된다. 이제 이 식의 적용 사례로 우리나라 탄소중립의 적극도를 계산해 보도록 한다. 우리나라의 "2030 40% 탄소중립"의 기존 목표('21.10)와 수정 목표('23.03)의 PCND를 산출하는 데, 〈표 2-1〉을 이용하여 식 1의 변수에 값을 대입하면, 기존 목표의 PCND2030은 0.354이고, 수정 목표의 PCND2030은 0.348로 계산된다. 즉 수정 목표는 기존 목표보다 탄소중립 적극도가 0.006만큼 낮아졌음을 알 수 있다. 이 결과는 이미 우려했던 바로, 우리나라가 현재의 산업 사회 기조에서 빠르게 벗어나지 않으면, 앞으로 시간이 지날수록 PCND는 더 낮아질 것으로 예상된다.

탄소감축 요소의 구분: 활동 요소와 기술 요소

PCND를 유지하거나 오히려 높이면서 탄소중립을 이행하려면, 무엇보다 배출의 범주에 속하는 온실가스 인벤토리들(〈표 2-1〉 참조)의 탄소배출량을 효과적으로 감축하기 위한 전략이 필요하다. 이를 위해서는 먼저 온실가스 인벤토리에 대한 '탄소배출의 메커니즘'을 이해해야 한다. 탄소배출의 메커니즘을 역으로 뒤집으면 곧 '탄소감축의 메커니즘'이 되기 때문이다. 탄소배출의 메커니즘은 탄소배출량의 산정식을 통해 표출될 수 있는데, 일반적으로 다음 계산식이 사용된다(환경관리공단, 2009; 백정훈 · 박상훈, 2011; 이승일, 2022).

탄소배출량 = 활동량 × 에너지 소비 원단위 × 탄소집약도

[식 2]

이 식에서 활동량은 에너지를 소비하는 개별 활동의 크기를 말하고, 에너지 소비 원단위는 해당 활동량의 1단위

에 대한 에너지 소비량을 뜻하며, 탄소집약도는 1단위 에너지 소비량에 대한 탄소배출량을 의미한다(이승일, 2022). 이 산정식에는 원인에 해당하는 각 변수의 값이 작아지면 그 결과에 해당하는 탄소배출량이 줄어드는 탄소 감축의 메커니즘이 담겨 있다.

비교적 단순해 보이는 탄소배출량 산정식에 감추어진 중요한 함의는 탄소배출 관련 변수를 양적인 것과 질적인 것으로 구분하면 비로소 겉으로 드러나게 된다. 여기서 질적인 변수라고 함은 곧 기술적인 변수를 의미한다. 즉 기술적인 변수는 탄소를 배출하는 다양한 배출원에 대하여 에너지 소비의 원단위를 낮출 수 있는 기술의 개발과 탄소집약도가 0인 청정에너지(RE100와 CFE)의 이용률을 높임으로써 배출량을 줄이는 역할을 한다. 이 책에서는 이 두 변수를 모아 '기술 요소'라고 부르기로 한다(이승일, 2022). 동시에 에너지를 소비하는 활동의 규모, 즉 활동량을 줄여도 탄소배출량은 감소하는데, 여기서는 양적인 변수인 활동량을 '활동 요소'라고 부르기로 한다(이승일, 2022).

탄소배출량 산정식에서 주목해야 할 점은 이 식을 구성하는 세 개의 변수는 덧셈(또는 뺄셈)이 아니라 곱셈(또는 나눗셈)의 관계로 연결되었다는 점인데, 이는 변수 간 상호 간섭 효과가 매우 크다는 것을 의미한다. 즉 활동 요소와 기술 요소 중 어느 하나라도 0이 되면 탄소배출량은 다른 요소의 크기와 관계없이 0이 될 수 있다는 것이다.

먼저 활동 요소가 0이 될 가능성에 대해 살펴보면, 활동 요소에 대한 탄소감축의 정책은 활동량을 가능한 한 작게 만드는 걸 목표로 삼고 있기는 하지만, 활동량이 0이 되려면 사람들로 하여금 활동을 수행하지 못하게 만들어야 하는데, 그로 인해 사회는 경제 · 사회적으로 엄청난 어려움에 빠지게 될 것이다. 반면에, 기술 요소에 기반을 둔 탄소감축의 정책은 현재의 활동량 규모와 관계없이 탄소배출량을 줄이는 효과가 명료하게 나타날 것이므로 사회적 선호도는 높겠지만, 현재로선 과도한 재정의 지출을 감당해야 할 뿐 아니라 현재 기술의 한계를 극복해야 하므로 실제 적용까지는 상당히 많은 시간이 필요하다는 점이 해결해야 할 문제다. 따라서 아직까지 우리에게는 어느 한 요소를 0으로 만들어 탄소배출량을 줄이는 '단편적 탄소감축 전략'보다는 두 요소 모두에 대하여 현재의 여건을 고려하여 양쪽에서 할 수 있을 만큼 줄이도록 노력하는 '복합적 탄소감축 전략'을 모색해야 할 것이다.

복합적 탄소감축 전략을 마련하려면, 탄소를 발생시키는 모든 요소, 즉 활동 요소와 기술 요소 간의 관계를 분리된 것이 아닌 통합적으로 살펴보아야 한다. 두 요소를 통합적으로 고려하여 탄소중립 정책을 수립하려면, 둘 간의 관계 속에 있을 수 있는 많은 탄소배출의 경로 중에서 감축의 효과가 가장 큰 것을 찾아내려는 노력이 필요하다.

식 2의 탄소배출량 산정 방식에 내재된 효과적 탄소감축 메커니즘에 대한 이해를 바탕으로, 이제부터는 2023년 3월에 확정된 국가기본계획(관계부처 합동, 2023)에서 제시한 국가의 탄소중립 전략에 대하여 살펴보기로 한다. "2030 40% 탄소중립" 목표의 달성을 위하여 국가가 밝힌 4대 전략은 다음과 같다.

- 전략 1: 구체적 · 효율적 방식으로 온실가스를 감축하는 '책임감 있는 탄소중립'
- 전략 2: 민간이 이끌어 가는 '혁신적인 탄소중립 · 녹색성장'
- 전략 3: 모든 사회 구성원의 공감과 협력을 통해 '함께하는 탄소중립'
- 전략 4: 기후위기 적응과 국제 사회를 주도하는 '능동적인 탄소중립'

국가가 정한 탄소중립 4대 전략은 비단 국가뿐 아니라

민간, 지자체 나아가 에너지 소비자에 해당하는 모든 사회 구성원에 대한 탄소감축 정책 및 방안의 길잡이 역할을 하므로 매우 중요한데, 전반적으로 기술 요소를 통해 탄소배출량을 줄이려는 전략적 의지가 분명하게 읽혀진다(〈표 2-2〉 참조). 각 전략을 차례로 살펴보면, 첫 번째 전략에서는 효과적으로 탄소중립을 이행하기 위해 구체적이며 효율적 방식을 제시하는 국가의 방향 정립 역할에 초점이 맞추어져 있다. 불확실한 탄소중립 방안 대신, 국가는 원전·신재생에너지 등 CFE 공급의 확대, 저탄소 산업 구조로의 전환, 국토 이용의 저탄소화 등을 정책적 방안으로 제시했다. 이를 통해 국가는 배출과 흡수·제거의 범주에 속하는 온실가스 인벤토리에 대해 활동 요소와 기술 요소의 복합적 적용을 통해 탄소감축의 효과를 제고하려는 전략을 모색하고 있다.

두 번째 전략은 녹색성장의 실질적 주체인 민간의 혁신적 역할을 효과적으로 이끌어 내기 위한 것으로서, 국가가 필요한 지원 방안을 제공하는 데 중점을 두고 있다. 이는 기술 요소를 중심으로 삼은 전략으로, 탄소감축의 기술 요소 구현을 위해 민간의 기술 개발과 실행력 제고를 촉진할 수 있도록 하는 국가의 역할에 초점이 맞추어져 있다. 탄소중립 기술 개발에서의 규제 개선, 핵심 산업의 육성, 재정 지원 · 투자 확대 등이 대표적 방안으로 제시되고 있다.

세 번째 전략에서는 실질적 에너지 소비자에 해당하는 모든 사회 구성원을 대상으로 에너지 수요를 관리하고, 에너지 절약을 추진하는 등 활동 요소에 중점을 두고 있다. 이 전략에 따르면, 국가는 에너지 절약을 위해 국민의 인식을 제고하고, 국민과 소통을 확대하며, 지자체로 하여금 탄소중립 · 녹색성장 정책의 수립과 추진을 위한 실질적인 역할을 수행할 수 있도록 뒷받침하고, 탄소중립 후기 산업 사회로의 전환 과정에서 근로자 · 기업 · 지역의 원활한 적응을 지원해야 한다.

네 번째 전략은 앞에서 언급한 탄소중립 실현을 위한 직접적 전략과는 달리 탄소중립 전략의 이행을 관리하기 위한 전략으로서, 활동 요소와 기술 요소의 적용과는 관련성이 낮은 전략이다. 여기서 국가는 지구 차원의 탄소중립 실현 지연으로 예측되는 기후위기 상황에 대비하여 재난 대응 인프라 확대와 사회적 적응능력을 제고하고, 국제 사회의 선도를 통해 지구 차원의 탄소중립 실현에 앞장서며, 국가의 탄소중립 목표 달성을 위한 성과 관리 시스템과 정부 부처와 지자체 나아가 기업 간의 협력 체계 구축을 통해 국가의 탄소중립 이행을 철저히 관리해 나가야 한다.

이처럼 국가가 수립한 국가기본계획의 4대 전략에는

탄소중립 목표의 효과적 달성을 위해 우리 사회가 해야 할 모든 행위가 빠짐없이 제시되어 있다. 4대 전략을 추진하기 위해 행위 주체를 공공(국가와 지자체), 민간(기술 혁신의 산업체와 기업), 모든 사회 구성원(에너지 소비자) 등으로 구분하고, 주체마다 적절한 역할을 차별적으로 부여했다. 여기서 공공의 역할은 정책의 수립과 이행 관리에서 찾을 수 있고, 기술 혁신의 산업체와 기업의 역할은 탄소감축의 기술 요소 구현에 있으며, 에너지 소비자로서 공공, 기업, 가정 등 모든 사회 구성원의 역할은 에너지 소비를 줄이는 데서 찾을 수 있다. 특히 국가에게는 고유한 영역에 따라 부여된 다른 주체들의 역할과 달리, 모든 주체의 역할이 통합되어 효과적 탄소중립으로 이어질 수 있도록 정책의 방향을 정하고, 그에 따라 각 주체의 역할을 지원하는 역할이 부여되었다. 따라서 국가는 모든 주체의 역할을 종합하여 시스템으로 상호 연계하는 총체적 역할을 수행해야 한다.

그러나 이 책을 통해 궁극적으로 살펴보고자 하는 점은 국가의 총체적 역할에 있기보다는 지자체의 탄소중립 이행, 즉 탄소중립도시의 역할에 있다. 그렇기는 하지만, 이 책의 서론에서 이미 언급했듯이, 탄소중립은 국가 단위에서 달성할 수 있는 목표이므로, 지금까지 학술적으로나 실무적으로 간과하고 있는 "국가의 총체적 역할 속에서 탄소중립도시의 역할을 정립"하는 것이 이 책에서 중점적으로 살펴보고자 하는 핵심 내용이라고 할 수 있다. 따라서 탄소중립도시에 대해서는 이 책의 4장에서부터 상세히 다룰 예정이지만, 여기서는 배출과 흡수 · 제거의 범주에 속하는 온실가스 인벤토리에 대해 기술 요소에 중점을 두고 탄소감축의 효과를 제고하려는 국가의 역할과 활동 요소에 중점을 두고 에너지 수요를 관리하고 에너지 절약을 추진하는 지자체의 역할의 통합적 관계에 초점을 맞추고자 한다. 이를 위해 2장의 남은 절에서는 탄소중립 주체를 이 책의 관점에 맞도록 재구성하고, 주체별로 배출과 흡수 · 제거의 범주에 속한 온실가스 인벤토리에 대해 활동 요소와 기술 요소를 해당 주체의 전략에 부합하게 효과적으로 적용하는 방안에 대해 살펴보도록 한다.

탄소중립 주체별 탄소감축 요소의 효과적 적용

저자는 이 책의 2장 1절을 마무리하며 PCND를 높게 유지하며 탄소중립을 이행하려면, 배출의 범주에 속하는 온실가스 인벤토리들에서 탄소배출량을 효과적으로 감축하기

표 2-2 국가 탄소중립 4대 전략의 주체와 역할 구분

주체 / 역할	공공 (국가와 지자체)	민간 (기업과 가정)
탄소중립 이행	전략 1 탄소감축 여건 조성	전략 3 에너지 소비 저감
탄소중립 지원	전략 4 기후위기 적응	전략 2 혁신 기술 개발

위한 전략이 필요하다고 했다. 또한 탄소배출량의 산정식(식 2 참조)에서 보듯, 탄소감축을 효과적으로 실현하려면 활동 요소와 기술 요소에 대한 복합적인 적용 방안을 모색하여야 한다고 했다. 그러나 이를 실현하기 위해서는 탄소중립 주체들의 역할 간에 활동 요소와 기술 요소의 효과적인 적용을 위한 통합적 관계의 설정이 필요하므로, 지금까지 개별적으로 살펴본 4개의 국가 탄소중립 전략들을 실행 주체와 역할을 바탕으로 통합적인 관계로 구성하여 〈표 2-2〉에 제시했다.

〈표 2-2〉에서는 4대 전략의 실행 주체를 공공과 민간으로 구분했고, 역할은 '탄소중립 이행'과 '탄소중립 지원'으로 분류했다. 이를 통해 활동 요소와 기술 요소를 적용하는 주체는 탄소중립 이행의 역할을 하는 공공과 민간으로

좁혀졌다. 여기서 민간에 속한 기업은 혁신기술을 개발하는 산업이 아닌 에너지 소비자로서의 주체만 대상이 된다.

탄소중립 이행의 역할로 좁혀진 주체들이 요소별로 적용이 가능한 방안을 살펴보면, 우선 활동 요소에 대해서 두 가지 방안을 고려할 수 있다. 첫째는 불필요한 활동량을 줄이는 에너지 수요 관리 또는 에너지 절약의 방안이고, 둘째는 단위 활동량당 에너지 소비량이 적은 활동 요소를 선택하는 방안이다. 활동 요소와 마찬가지로 기술 요소에 대해서도 두 가지의 적용 방안을 대상으로 삼을 수 있다. 첫째는 단위 활동당 에너지 소비를 줄일 수 있는 기술을 도입하는 방안이고, 둘째는 활동을 위해 소비되는 에너지를 탄소의 배출이 없는 청정에너지(RE100와 CFE)로 대체하는 방안이다. 두 요소에 적용 가능한 방안의 다양한 조합(이하 경로) 중에서, 활동량을 저감하고, 에너지 소비 원단위가 작은 기술을 적용하는 현실적인 방안의 경로를 선택하면, 반드시 활동량을 급격히 억제해야 하는 방안이나 큰 비용이 필요한 기술 요소의 적용 방안 등 비현실적인 방안을 선택하지 않더라도 효과적인 탄소감축의 성과를 낼 수 있을 것이다.

이처럼 요소별 탄소감축 방안을 복합적으로 적용할 수 있는 가능성을 살펴보려면, 탄소중립 이행의 역할을 하는 주체들을 구분해야 한다. 우선 공공과 민간으로 나누면 역할의 차이가 분명하게 나타난다. 공공은 민간으로 하여금 탄소감축의 효과가 큰 요소를 선택하도록 제도를 만들거나 여건을 조성하는 역할을 하고, 에너지 소비자로서 민간은 공공이 만든 조건 아래서 감축 효과가 큰 활동의 방식을 선택해야 한다. 나아가 공공은 국가와 지자체로 세분되는데, 국가는 에너지 절약을 위한 가격정책과 청정에너지의 공급 정책 등을 통해 활동 요소와 기술 요소에 대한 민간의 선택에 영향을 미치는 역할을 하고, 지자체는 건물과 교통시설의 계획, 건설, 관리 등을 통해 민간으로 하여금 탄소감축을 위한 선택에서 높은 비용과 불편함 등의 불리한 여건을 개선하는 역할을 한다.

민간도 기업과 가정으로 세분되는데, 기업과 가정의 차이는 활동의 종류와 규모에서 나타나기도 하지만, 기업은 국가의 역할에 더 크게 영향을 받고, 가정은 지자체의 역할에 더 크게 영향을 받는 데서 차이를 보인다. 기업은 생산활동에서, 가정은 소비 활동에서 에너지를 소비하는 주체가 된다. 따라서 지역, 국가, 세계 등을 대상으로 삼는 기업의 역할은 국가의 역할에 크게 영향을 받고, 지역을 대상으로 삼는 가정의 역할은 지자체의 역할에 크게 영향을 받는다.

표 2-3 탄소중립 이행 주체별 탄소감축 요소의 적용

국가 온실가스 인벤토리		공공의 탄소감축 요소 적용				민간의 탄소감축 요소 적용			
		국가		지자체		기업		가정	
구분	부문	활동	기술	활동	기술	활동	기술	활동	기술
배출	전환		●		●		●		●
	수송		●	●	●	●		●	
	건물		●	●	●	●		●	
	산업		●	●	●	●	●		
	농축수산		●		●	●	●		
	폐기물		●		●	●		●	
	수소		●		●	●			
	탈루 등		●						
흡수 제거	흡수원	●	●	●	●	●	●	●	●
	CCUS		●		●				
	국제 감축	●		●		●			

비고: ● 표시한 칸만 해당하고, 빈칸은 해당 없음.

지금까지 논의한 탄소중립 주체의 역할을 고려해 〈표 2-3〉에서는 주체별(국가, 지자체, 기업, 가정)로 배출과 흡수·제거의 범주에 속한 인벤토리를 대상으로 활동 요소와 기술 요소의 적용 가능성을 검토했다.

〈표 2-3〉의 가로축에는 탄소중립 이행 주체로서 공공과 민간을 구분했고, 공공은 다시 국가와 지자체, 민간은 기업과 가정으로 세분하여 주체별로 활동 요소와 기술 요소를 선택할 수 있도록 했다. 〈표 2-3〉의 세로축에는 배출과 흡수·제거 범주의 국가 온실가스 인벤토리를 차례로 열거했다. 따라서 〈표 2-3〉에서 ●로 표시한 칸은 해당 온실가스 인벤토리에 대한 해당 주체의 역할이 어느 요소에 적용되는지를 보여준다. 〈표 2-3〉에 따르면 최상위 주체인 국가에서부터 지자체 그리고 기업과 가정으로 내려갈수록 그 역할이 기술 요소에서 활동 요소로 옮겨가는 것을 확인할 수 있다. 그 이유는 앞에서 말한 것처럼, 공공은 민간으로 하여금 탄소감축의 효과가 큰 기술 요소를 선택하도록 제도를 만들거나 여건을 조성하는 역할을 하고, 기업과 가정은 공공이 만든 조건 아래서 감축 효과가 큰 활동의 방식을 선택하기 때문이다. 여기서 주목해야 할 것은 일부 온실가스 인벤토리에 대해서는 중간 위계의 주체인 지자체와 기업의 역할이 활동 요소와 기술 요소 모두에 해당하기도 한다는 점이다. 그 이유에 대해 살펴보면, 우선 지자체의 경우, 자신의 조직 경계에 해당하는 행정 구역에 있는 기업과 가정이 활동 요소를 선택할 때, 즉 활동 규모와 활동 방식을 정할 때 탄소감축의 효과가 큰 것을 선택하도록

하는 역할을 하기 때문이다. 또한 지자체보다는 국가의 영향을 더 많이 받는 기업의 경우, 자신의 생산 활동에서 탄소감축을 위해 자체적으로 기술과 방식을 개선해야 하기 때문이다.

이제부터는 〈표 2-3〉의 세로축에 제시된 11개의 국가 온실가스 인벤토리 각각에 대해 가로축에서 구분한 탄소중립 이행 주체별로 활동 요소와 기술 요소를 선택할 때 어떤 역할을 수행하기 위한 것인지를 살펴보고자 한다. 이를 통해 온실가스 인벤토리별로 탄소중립 이행 주체 간의 관계에 대한 이해를 바탕으로 주체별로 활동 요소와 기술 요소의 효과적 적용을 위한 선택의 기준을 파악할 수 있을 것으로 기대한다.

온실가스 인벤토리별 탄소중립 주체의 효과적 역할

이 책의 4장부터 본격적으로 다루게 될 탄소중립도시와의 관련성을 고려하면 여기서 〈표 2-3〉에 제시된 11개의 국가 온실가스 인벤토리를 빠짐없이 다룰 필요는 없다. 따라서 이 절에서는 관련성이 큰 전환, 수송, 건물, 산업, 폐기물, 흡수원 등 6개의 온실가스 인벤토리에 대해서만 차례대로 살펴보도록 한다.

먼저 전환에서 탄소배출량을 줄이기 위한 국가의 역할은 탄소집약도가 작은 에너지의 공급 비율을 제고하는 데 있고, 소비 주체인 민간의 역할은 수송, 건물, 산업 등에 있어서 수요 관리와 소비 절약을 통해 간접배출량을 줄이는 데 있다. 지자체의 특별한 역할은 행정 구역 안에 있는 기업과 가정이 스스로 재생에너지를 생산하여 간접배출량을 줄이도록 하는 데서 찾을 수 있다. 향후 대부분 온실가스 인벤토리에서 전력의 수요는 꾸준히 증가할 것이므로 직접배출량에서 청정에너지 비율을 높이는 국가의 역할(기술 요소)뿐 아니라 간접배출량을 줄이는 지자체의 역할(기술 요소)과 민간의 역할(활동 요소)은 더욱 중요해질 것이다.

수송은 사람(여객)과 물건(화물)을 원하는 장소로 이동시켜 주는 활동(서비스)이다. 수송의 활동 요소는 이동하는 사람과 물건의 규모와 이동 거리에 비례해 커지고, 기술 요소는 교통수단과 관련하여 단위 거리를 이동하는 데 소비되는 에너지의 양과 에너지의 탄소집약도에 따라 증가한다. 국가의 역할은 탄소를 배출하지 않는 전기 · 수소 자동차의 보급 증가를 통해 탄소집약도를 낮추는 데 있고, 가정의 역할은 전기 · 수소 자동차의 적극적 이용과 함께 에너지 소비의 원단위를 줄이기 위하여 내연 차 대신 대중교통과 녹색교통을 더 이용하는 데 있다. 화물 교통과 관련이 큰 기업은 전기 · 수소 화물차의 이용률을 높이고, 운송의 효율성을 제고하여 수송을 위한 에너지 소비를 줄여야 한다. 지자체의 역할은 특히 여객과 화물의 이동량과 이동거리를 줄이기 위한 공간구조와 토지이용의 개편에 있다. 향후 자율 주행-공유-전기자동차의 보편화와 현재 건설 중인 GTX 외에도 고효율 하이브리드 철도, 아진공 튜브 철도, 자율 주행 철도 등 다양한 미래 철도 기술의 실현을 통해 수송 부문에서 획기적인 탄소감축을 기대할 수 있다(이승일, 2022).

건물에서는 기업의 생산 활동뿐 아니라 거주자의 주거와 일상생활에서의 소비 활동 등이 이루어지고, 이를 위해 전기, 열, 수도, 폐기물 등의 다양한 간접배출이 발생한다. 공공 특히 지자체는 건축물 시설의 에너지 효율 향상, 고효율 기기의 보급, 스마트 에너지 관리, 신재생에너지의 보급, 자원의 절약 및 재활용 등을 통해 에너지 소비의 원단위를 줄이고, 탄소집약도를 낮출 수 있도록 해야 한다. 기업과 가정은 공공이 제시하는 방안을 적극 수용할 뿐 아니라 자체적으로도 에너지 소비의 절약을 위한 노력을 지속적으로 강구해야 한다.

산업이 전체 탄소배출량에서 차지하는 비율은 압도적으로 높다. 산업 활동에서 발생하고 있는 탄소배출량은 에너지 소비의 원단위를 줄이고, 탄소집약도를 낮춤으로써 저감할 수 있다. 이를 위한 국가의 역할은 전환 부문에서의 역할과 더불어 에너지 효율화와 신기술의 도입, 연·원료의 전환, 산업 공정의 감축 등 산업 영역에서 기업의 자체적 노력을 적극적으로 지원하고 유도하는 데 있다. 특히 지자체는 행정 구역 안에 있는 기존 산업 단지뿐 아니라 향후 조성될 산업 단지에서 재생에너지를 자체적으로 생산하도록 지원·유도해야 한다.

폐기물은 모든 사회 구성원의 활동의 부산물이라고 할 수 있는데, 탄소를 포함한 온실가스는 폐기물을 처리하는 과정에서 발생한다. 따라서 활동에서 발생하는 폐기물을 원천 감량하고, 제로 폐기물 방안, 즉 재활용(recycling), 열활용(waste-to-energy), 퇴비화 등을 통해 폐기물의 발생에 따른 간접배출량을 줄여야 한다. 국가의 역할은 폐기물 처리에서 탄소배출을 효과적으로 줄이는 혁신적인 기술의 개발을 지원하는 데서 찾을 수 있고, 지자체의 역할은 행정 구역 안에 있는 단지와 건물에 혁신적인 처리 기술이 도입되도록 하는 데 있다.

마지막으로 흡수원은 지금까지 살펴본 온실가스 인벤

토리와 달리 흡수·제거의 범주에 속하므로 탄소흡수량으로 그 효과를 나타내야 한다. 이를 위하여 탄소흡수량을 산정해야 하는데, 탄소배출량의 산정식(식 2 참조)과 마찬가지로 탄소흡수량도 활동 요소와 기술 요소의 변수로 산정할 수 있다(식 3 참조).

탄소흡수량 = 탄소흡수원 면적 × 흡수계수 [식 3]

이 식에서 탄소흡수원의 면적은 활동 요소를 나타내고, 흡수계수, 즉 탄소흡수원의 단위 면적당 탄소흡수량은 기술 요소를 의미한다. 탄소배출량의 산정식과 달리 이 산정식에서는 원인에 해당하는 각 변수의 값이 커지면 그 결과에 해당하는 탄소흡수량이 커지는 탄소흡수의 메커니즘이 담겨 있다. 배출 범주에 속한 온실가스 인벤토리와 달리, 흡수원에 대해서는 공공과 민간 주체의 역할은 활동 요소와 기술 요소 모두에 적용된다. 국가는 국토에 대하여, 지자체는 행정 구역에 대하여, 기업과 민간은 단지나 건물에 대하여, 흡수원을 복원하거나 신규 흡수원을 확대해야 하고, 동시에 흡수원 단위 면적당 탄소흡수량을 제고할 수 있도록 수종 선정과 식재 기법을 개선해야 한다.

지금까지 11개의 국가 온실가스 인벤토리 중에서 공공

과 민간의 모든 탄소중립 이행 주체의 역할과 관련된 6개의 인벤토리에 대해서 살펴보았다. 온실가스 인벤토리마다 국가 전체의 탄소배출량에서 차지하는 비중에서 큰 차이를 보이기는 하지만(〈표 2-1〉 참조), 주체 간에 복합적으로 역할이 서로 연계되어 있다는 점에서는 큰 차이를 발견할 수 없다(〈표 2-3〉 참조). 따라서 국가의 탄소중립 목표를 성공적으로 달성하기 위해서는, 국가는 온실가스 인벤토리별로 이행 주체의 차별적, 복합적 역할을 고려하여 온실가스 인벤토리의 특성에 부합하도록 정책 방향을 설정하고, 총체적인 이행 방안을 마련해서 추진해야 할 것이다.

이제 2장의 내용을 간략하게 요약하고자 한다. 인류에게 닥친 기후위기를 근본적으로 극복하려면 산업혁명 이후 형성된 산업 사회를 단기간에 후기 산업 사회로 전환해야 하는데, 그에 따른 경제 · 사회적 고통이 클 수밖에 없을 것이다. 이때 탄소제로보다 유연한 탄소중립은 이행 가능성과 지속가능한 전환을 위해 유용한 개념이지만, 탄소중립은 국가의 총체적 역할을 기반으로 지자체, 기업, 가정 등 관련 주체들의 역할이 온실가스 인벤토리별로 특성에 부합하게 효과적으로 적용돼야 계획한 목표를 달성할 수 있다. 이를 위하여 이 책의 2장에서는 탄소중립 이행 주체들의 통합적 역할을 온실가스 인벤토리마다 적용하고 그 기대 효과를 논의했다. 이에 기반하여 각 이행 주체가 자신과 연관된 온실가스 인벤토리의 감축 대책을 마련하여 이행한다면, 결국 국가 차원에서 총체적 탄소중립에 이를 수 있을 것이다.

참고문헌

관계부처 합동(2023). 탄소중립 · 녹색성장 국가전략 및 제1차 국가기본계획: 중장기 온실가스 감축목표 포함. 관계부처 합동.

백정훈 · 박상훈(2011). 저탄소도시 구현을 위한 전략수립에 관한 연구. ≪한국디지털건축 · 인테리어학회 논문집≫, 11(2), 83-92쪽.

이승일(2019). 『스마트 도시계획』. 커뮤니케이션북스.

이승일(2022). 『탄소중립도시를 위한 역세권 개발론』. 커뮤니케이션북스.

환경관리공단(2009). IPCC guidelines for national greenhouse gas inventories 적용을 위한 지자체 온실가스 배출량 산정지침.

03
탄소중립을 위한 법과 제도

탄소중립의 기본법과 국가의 총체적 역할

탄소중립의 목표는 국가, 지자체, 기업, 가정 등 관련 주체들의 역할(이 책의 2장 참조)이 온실가스 인벤토리별로 효과적으로 적용돼야 비로소 달성될 수 있다. 특히 국가의 역할은 탄소중립 이행 주체들의 차별적, 복합적 역할을 고려하여 정책 방향을 설정하고 총체적인 이행 방안을 마련해서 추진하는 데 있다. 여기서 국가의 총체적 역할은 하향식(top-down) 목표(국가가 선언적으로 제시한 탄소중립 목표)와 상향식(bottom-up) 목표(지자체, 기업, 가정 등 주체별로 감당 가능한 실제 목표) 간의 정합성을 확보하기 위해 양쪽의 세부 목표를 체계적으로 조절하는 것을 의미한다. 이는 '국가의 실질적 탄소중립의 달성'을 위해 반드시 거쳐야 할 과정으로 우리나라를 포함해 탄소중립을 지향하는 전 세계의 모든 국가가 예외 없이 밟아야 할 일반적 과정이며, 나아가 지구 전체의 탄소중립 목표 달성을 위하여 국가 간에 적용되어야 할 과정이라고 본다. 그러나 탄소중립의 실제 목표 달성을 위한 국가의 총체적 역할은 지금까지 우리나라에서 경험하지 못한 복잡하면서도 어려운 일이라고 할 수 있다.

이를 위해, 우리나라에서는 2020년 10월 28일 '2050 탄소중립'을 선언한 후, 바로 2021년 9월 「기후위기 대응을 위한 탄소중립 · 녹색성장 기본법」(이하 「탄소중립기본법」)을 제정하여 시행하고 있다(〈그림 3-1〉 참조). 지금 우리나라에서 탄소중립을 위해 실행하고 있는 모든 시책과 방안은 바로 이 법을 근간으로 삼고 있다. 따라서 우리나라의 탄소중립과 관련된 법과 제도들을 고찰하고자 하는 이 책의 3장에서는, 「탄소중립기본법」에 대해 무엇보다 '국가의 총체적 역할의 원활한 수행'이라는 관점에 맞추어 주요 내용과 의미를 살펴본다.

「탄소중립기본법」은 상위법을 의미하는 기본법으로서, 이 법의 개별 조항은 관련 개별법, 즉 하위법 규정의 근거가 된다는 점에서 중요하다. 국가는 이 법에 따라 국정 전반에 걸쳐 체계적으로 탄소중립을 추진해야 하므로 법의 소관 부처는 국무 조정실이 되어야 하겠지만, 지금까지 환경부가 탄소중립의 핵심 정책과 실무를 수행해 왔기 때문에 사실상 소관 부처의 역할을 대행하고 있다고 할 수 있다.

〈그림 3-1〉의 '총괄' 부분에서 보듯, 「탄소중립기본법」에는 중장기 온실가스 감축 목표 설정(법 제2장: 제7~9조)과 이를 달성하기 위한 국가기본계획의 수립 · 시행, 이행 현황의 점검 등을 포함하는 탄소중립 이행 체계(법 제3 · 4장: 제10~22조) 등이 정해져 있다. 〈그림 3-1〉의 '분야별 시책' 부분에는 '온실가스 감축'(법 제5장: 제23~36조), '기후위기 적응'(법 제6장: 제37~46조), 탄소중립사회로의 이행 과정에서 발생할 수 있는 불평등 해소를 위한 '정의로운 전환'(법 제7장: 제47~53조), 경제와 환경의 조화로운 발전을 도모하기 위한 '녹색성장'(법 제8장: 제54~64조) 등이 마련되어 실행되도록 하고 있다. 끝으로 탄소중립사회 전환의 '기반' 부분에는 '탄소중립사회 이행과 녹색성장의 확산'(법 제9장: 제65~68조)과 '기후 대응 기금의 설치 및 운용'(법 제10장: 제69~74조)을 정하고 있다. 따라서 국가가 탄소중립 목표의 달성을 위해 국가의 총체적 역할을 원활하게 수행하는 일과 직접적으로 관련된 영역은 〈그림 3-1〉에서 음영으로 처리한 부분인 「탄소중립기본법」의 제3 · 4장과 제5장이다.

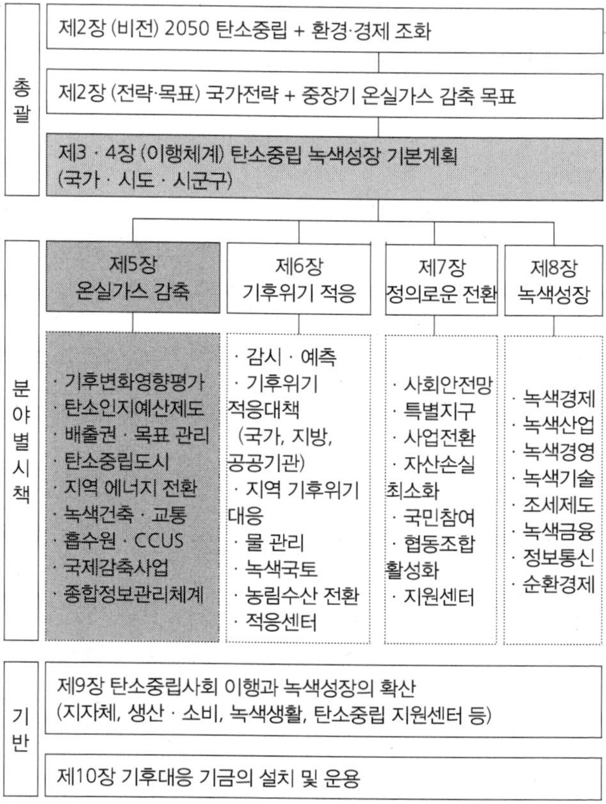

그림 3-1 「탄소중립기본법」 체계

출처: 환경부, 2021, 5쪽; 저자 수정.

먼저 법 제3장의 탄소중립 녹색성장 기본계획 제도에

대해 살펴보면, 국가는 20년을 계획 기간으로 하는 '국가 탄소중립 녹색성장 기본계획'(이하 국가기본계획)을 5년마다 수립 · 시행하도록 하고 있고, 이에 대응하여 시 · 도지사와 시장 · 군수 · 구청장은 국가기본계획과 관할 구역의 지역적 특성 등을 고려하여 10년을 계획 기간으로 하는 '시 · 도 탄소중립 녹색성장 기본계획(이하 시 · 도계획)'과 '시 · 군 · 구 탄소중립 녹색성장 기본계획'(이하 시 · 군 · 구계획)을 5년마다 수립 · 시행하도록 하고 있다. 국가와 지자체의 기본계획 수립의 본질적 목적은 2050년 국가의 탄소중립 달성에 있으므로, 국가와 지자체의 기본계획 수립 · 시행의 제도가 「탄소중립기본법」의 가장 중요한 부분이라고 할 수 있다. 여기서 국가기본계획의 목표는 지자체에게 하향식 지침으로 작용하고, 지자체 기본계획의 목표는 국가에게 상향식 대응에 해당하기 때문에, 두 목표 간에는 정합성(법 제36조 제3항 참조)이 확보되어야 비로소 국가의 2050 탄소중립 목표 달성이 가능해진다. 그러나 지금까지 여타 국가와 지자체가 연계된 계획들 중에 탄소중립처럼 회계 수준의 정합성이 요구된 적이 없었기 때문에 현실적으로 두 목표 간의 불일치 가능성은 매우 크다. 따라서 양쪽의 온실가스 인벤토리별 세부 목표를 체계적으로 조절하는 국가의 총체적 역할이 중요할 수밖에 없다.

국가의 총체적 역할을 위하여 「탄소중립기본법」은 제4장을 통해 대통령 소속으로 2050 탄소중립녹색성장위원회(이하 위원회)를 두도록 하고 있고, 이에 대응해 지자체에도 2050 지방 탄소중립 녹색성장 위원회(이하 지방위원회)를 둘 수 있도록 하고 있다. 법 제16조에 따르면 위원회의 기능으로 많은 사항이 제시되어 있는데, 국가의 총체적 역할과 관련된 기능은 연도별 감축 목표의 이행 현황을 매년 점검하고, 그 결과 보고서를 작성하여 공개하는 것(제9조)과 이를 근거로 국가기본계획의 수립 · 변경을 심의 · 의결하는 데 있다. 이 과정에서 지방위원회의 기능은 지자체가 기본계획 추진 상황과 주요 성과를 점검하여 작성한 결과 보고서를 심의하는 데 있다(제13조). 이와 같이 「탄소중립기본법」은 위원회와 지방위원회를 중심으로 국가가 2050 탄소중립 목표 달성을 위한 총체적 역할을 수행할 수 있는 이행 체계를 마련해 두었다고 할 수 있다.

「탄소중립기본법」 상 온실가스 감축 시책의 유형 구분

국가가 탄소중립의 목표를 성공적으로 달성하기 위해서

는 국가와 지자체가 정한 목표를 점검하여 현실에 맞게 조정하는 역할이 필수적이다. 동시에 정부와 지자체의 다양한 정책과 사업에 온실가스 감축 방안을 효과적으로 도입하는 총체적 역할도 필요하다. 이를 위해 「탄소중립기본법」은 제5장을 통해 정부, 지자체, 행정 기관, 공공기관, 개발 사업자, 온실가스 다량 배출 업체(이하 관리업체), 기업 등에게 적용할 수 있는 온실가스 부문별 감축 시책들을 다양하게 제시하고 있다. 현재 제5장에 명시된 '온실가스 감축 시책'으로 '기후변화영향평가'(제23조), '온실가스감축인지 예산제도'(제24조), '배출권거래제'(제25조), '목표 관리제'(제26~28조), '탄소중립도시'(제29조), '지역 에너지 전환'(제30조), '녹색건축물'(제31조), '녹색교통'(제32조), '탄소흡수원'(제33조), '탄소포집 · 이용 · 저장 기술'(제34조), '국제감축사업'(제35조), '온실가스 종합정보관리체계'(제36조) 등이 있다. 이 밖에 '기업 녹색경영'(제55조)과 '순환경제'(제64조)는 녹색성장 시책(제8장)에 속해 있지만, 이에 따라 정부는 일반 기업이 경영 활동에서 자원과 에너지를 절약하고 효율적으로 이용하며 온실가스 배출과 환경오염의 발생을 최소화하는 녹색경영을 지원 · 촉진하여야 하고, 폐기물의 선별 · 재활용 체계 및 재제조 산업의 활성화를 위한 시책을 수립 · 시행하여야 한다. 따라서 이 제도를 산업과 폐기물 부문의 온실가스 감축 시책에 포함시키도록 한다.

「탄소중립기본법」의 개별조항으로 명시된 모든 온실가스 감축 시책들은 공히 2050 국가 탄소중립 달성의 목적을 지향하고는 있지만, 개별 시책의 효과를 극대화하려면 그 특성을 고려하여 시행해야 한다. 국가의 총체적 역할은 바로 여기서 찾을 수 있다. 이런 관점에서 볼 때 온실가스 감축 시책들은 〈표 3-1〉과 같이 적용 시점과 방식의 조합에 따라 4개의 유형으로 구분될 수 있는데, 우선 탄소를 배출하는 활동의 발생 전(사전 시책)과 발생 후(사후 시책)의 시점을 기준으로 나눌 수 있고, 동시에 개별 온실가스 인벤토리를 대상으로 분리하여 시행하는 시책(부문 시책)과 모든 온실가스 인벤토리를 대상으로 종합적으로 시행하는 시책(종합 시책)으로 분류할 수 있다. 이에 더하여 모든 온실가스 감축 시책들은 그 대상이 탄소감축을 위한 물리적 시설(infrastructure)인지 수요효율화를 위한 비물리적 제도(policy)인지에 따라 하드웨어(HW)와 소프트웨어(SW)로 세분될 수 있으므로 실질적인 시책의 유형은 6개가 된다고 할 수 있다. 마지막으로, 명료하게 표시하기 어려워서 〈표 3-1〉에서는 나타내지 못한 유형 구분의 기준이 하나 더 있는데 바로 탄소배출 · 흡수행위의 주체를 공공과 민간으로 나누는 것이다. 공공은 법 · 제도의 규정으로, 민간은 시장의 원리에 따라 온실가스 감축을 유도할 수 있기 때문에 이런 구분이 필요하다.

〈표 3-1〉에서 보듯, 온실가스 감축 시책들은 적게는 6개, 많게는 14개(개별 시책이 곧 하나의 유형)의 유형으로 구분될 수 있다. 이와 같은 유형 구분의 목적은 국가와 지자체가 같은 유형에서 적용효과가 더 큰 시책을 찾는 데 있기보다는, 오히려 모든 유형에 대해 필요한 시책이 하나라도 누락되지 않도록 하려는 데 있다. 각 유형은 아무리 감

표 3-1 온실가스 감축 시책의 유형 구분

적용 시점 / 적용 방식	사전 시책	사후 시책
종합 시책	기후변화영향평가(HW), 탄소중립도시(HW), 온실가스감축인지 예산제도(SW), 목표 관리제(SW), 기업 녹색경영(SW)	온실가스 종합정보관리체계(SW), 배출권거래제(SW), 국제감축사업(SW)
부문 시책	지역 에너지 전환(HW), 녹색건축물(HW), 녹색교통(HW)	탄소흡수원(HW), 탄소포집·이용·저장 기술(HW), 순환경제(HW)

비고: (HW)는 하드웨어, 즉 물리적 시설, (SW)는 소프트웨어, 즉 비물리적 제도를 의미함.

축 효과가 미미하다고 하더라도 그 유형을 통해서만 그만큼의 감축 효과를 낼 수 있으므로, 회계적 목표로 삼은 국가의 탄소중립에 도달하기 위해서는 이와 같은 포괄적 접근이 반드시 필요하다. 이처럼 모든 수단의 포괄적 적용을 통해 국가의 탄소중립에 도달할 수 있도록 하는 것은 국가의 총체적 역할이라고 할 수 있다. 따라서 앞으로 국가가 탄소중립을 위한 정책을 추진하면서 목표의 달성을 위해 필요해질 새로운 감축 시책을 「탄소중립기본법」에 추가하는 것은 당연하다고 본다.

당장 국가가 담당해야 할 총체적 역할은 2023년에 수립된 국가기본계획에서 정한 2030 탄소감축 목표(2018년 배출량의 40% 감축)를 달성하는 데 있다(〈표 3-2〉 참조). 2030 목표의 달성을 위하여 국가는 온실가스 인벤토리별로 감축 정책과 주관부처를 정하여 이행하려고 하지만 그 성과를 보장하기는 힘들다. 따라서 국가는 감축 정책들을 온실가스 감축 시책들과 연계시킴으로써 법을 기반으로 시행하는 것이 필요하다.

이와 같은 이유 때문에 다음 절부터는 각 온실가스 감축 시책에 대하여 「탄소중립기본법」과 관련 법 · 제도에서 정한 시행 목적과 방안을 고찰하도록 한다. 국가와 지자체가 연계하여 총체적 역할을 수행할 때 유의해야 할 '종

표 3-2 국가기본계획 부문별 감축 정책과 주관부처

(단위: 백만 톤CO2eq, 괄호는 2018년 대비 감축률)

구분	부문	2018 실적	2030 목표('23.03)	부문별 감축 정책	주관부처
총(순)배출량		727.6	436.6(40.0%)	2030년까지 "온실가스 40% 감축" 달성	
배출	전환	269.6	145.9(45.9%)	석탄 발전 감축, 원전+재생e 상향, 수요 효율화	산업부
	산업	260.5	230.7(11.4%)	핵심 기술 확보, 기업 지원, 배출권 고도화	산업부/ 기재부
	건물	52.1	35.0(32.8%)	제로 에너지 건축물 확대, 그린리모델링	국토부/ 산업부
	수송	98.1	61.0(37.8%)	무공해 차 보급, 철도·항공·해운 저탄소화	국토부/ 산업부/ 환경부/ 행안부
	농축수산	24.7	18.0(27.1%)	저탄소 농업 구조 전환, 어선 및 시설 저탄소화	농식품부/해수부
	폐기물	17.1	9.1(46.8%)	지속가능한 생산·소비 체계, 자원 순환 이용 확대	환경부/ 산업부
	수소	(-)	8.4	청정 수소 공급 확대, 수소 활용 생태계 강화	산업부/ 과기부/ 해수부/ 환경부

	탈루 등	5.6	3.9	없음	없음
흡수 제거	흡수원	-41.3	-26.7	산림 순환 경영, 내륙·연안 습지 복원 및 보호	산림청/ 환경부/ 국토부
	CCUS	(-)	-11.2	법령, 저장소 등 인프라 마련 기술 확보 상용화 R&D	과기부/ 산업부/ 해수부/ 환경부
	국제 감축	(-)	-37.5	민관 합동 지원 플랫폼 부문별 사업 발굴 및 이행	탄녹위/ 외교부/ 산업부/ 환경부

비고: 음영 처리된 부문(7개)은 국가와 지자체가 연계해서 탄소감축 효과를 이끌어 낼 수 있는 온실가스 인벤토리이고, 나머지 흰색 부문(4개)은 국가의 주된 역할로 감축될 수 있는 온실가스 인벤토리임.

출처: 제1차 국가 탄소중립·녹색성장 기본계획(관계부처 합동, 2023, 24쪽); 저자 수정.

합' 유형의 시책(〈표 3-1〉 상단부 참조)에 대해서는 3절에서 살펴보고, 개별 온실가스 인벤토리와 연관된 '부문' 유형의 시책(〈표 3-1〉의 하단부 참조)에 대해서는 4절에서 알아보도록 한다.

종합 유형의 온실가스 감축 시책 관련 법·제도

이 절에서는 〈표 3-1〉을 기준으로 '종합' 유형의 온실가스 감축 시책을 '사전'과 '사후'로 구분하여 살펴보도록 한다. 여기서 '사전의 시책'은 배출량을 줄이고 흡수량을 제고하려는 제도를 의미하고, '사후의 시책'은 배출량과 흡수량의 현황을 통계로 작성하여 목표달성 여부를 확인하고 감축목표에 미달하는 경우에 대비하여 추가 감축 정책을 시행하도록 하는 제도를 말한다.

우선 '종합/사전/HW/공공&민간' 유형의 시책에 해당하는 '기후변화영향평가'에 대하여 살펴보면, 「탄소중립기본법」(이하 기본법) 제23조에 따라 환경영향평가의 대상이 되는 계획과 개발 사업에 대하여 전략환경영향평가 또는 환경영향평가(「환경영향평가법」 참조)를 실시할 때 기후변화에 미치는 영향이나 기후변화로 인하여 받게 되는 영향을 조사 · 예측 · 평가하고, 이를 토대로 온실가스 배출량을 감축하고 기후위기 적응방안을 마련하는 것으로 정의되어 있다(「기후변화영향평가 방법 등에 관한 규정」 제2조). 이 제도의 적용에 있어서 핵심적인 사항은 기후변화영향평가 대상의 규모와 조사 · 예측 · 평가 등의 절차에 따른 감축방안의 수립이다. 대상 규모는 기본법 시행령 별표 2에 명시되어 있는데 대체로 환경영향평가 대상의 기준을 따르고 있다. 절차에 대해서는 환경부 소관 「기후변화영향평가 방법 등에 관한 규정」(이하 규정) 제6~10조에서 정하고 있다. 즉, 온실가스 감축방안을 수립하는 계획수립기관 및 사업자는 규정 제7~9조에 따른 예측 및 분석의 결과와 평가, 설정된 감축 목표 등의 내용을 토대로 합리적이고 구체적인 내용으로 감축 방안을 수립해야 하며, 일반적인 학문적 · 기술적 내용을 열거하여서는 안 된다는 것인데, 이는 국가의 총체적 역할과 밀접하게 관련되어 있다. 나아가 온실가스 감축방안에는 온실가스 배출량을 최소화하기 위한 현재 가용한 에너지 전환, 녹색교통 활성화, 흡수원 조성 등의 부문별 감축방안과 사업별 특성을 종합적으로 고려한 온실가스 감축 전략 및 방안이 포함되어야 한다. 이 경우 가능한 정량적 온실가스 감축량이 포함되어야 하고, 감축 목표(규정 제9조) 달성과 실질적으로 연계되어야 한다.

'탄소중립도시'(기본법 제29조)는 '종합/사전/HW/공공' 유형의 시책에 해당하는데, 이 제도에 따르면 국가와 지자체는 탄소중립 관련 계획 및 기술 등을 적극 활용하여 탄소중립을 공간적으로 구현하는 도시를 조성하기 위한 종합적 정책을 수립 · 시행할 수 있도록 하고 있다. 그러나 아직까지 탄소중립도시의 실체가 불명확한 상태이므로 정부는 '도시의 온실가스 감축 및 에너지 자립률 향상', '도시에서 탄소흡수원의 조성 · 확충 · 개선', '도시 내 생태축 보전과 생태계 복원', '기후위기 대응을 위한 자원순환형 도시 조성' 등 부문 수준의 사업을 시행하는 도시를 탄소중립도시로 지정할 수 있도록 하고 있고, 원활한 시행을 위하여 필요한 비용의 전부 또는 일부를 보조하도록 하고 있다. 따라서 기본법에 명시된 이 제도는 탄소중립도시로의 전환에 있어서 지자체의 역할을 독려하기 위한 경과규정으로 보는 것이 타당한데, 앞으로 탄소중립도시의 조성이 도시계획과 개발 과정에 보편적으로 자리 잡게 되면, 이 제도는 국토교통부 소관의 기존 법 · 제도의 개정을 통해 수행될 것으로 예상된다. 그 첫걸음으로 국토교통부는 탄소중립사회로의 이행 및 녹색성장에 적극 대응하기 위해, 탄소감축에 유리한 공간구조를 형성하고, 화석연료 사용 억제 및 신 · 재생에너지의 사용을 촉진하여 에너지전환을 추구하며, 도시 내 탄소흡수원을 확충하고, 재해취약성을 저감하는 데 주력할 수 있도록 2021년 12월 「도시 · 군기본계획수립지침」을 개정했다.

이제부터는 개발(HW)보다는 예산(SW)과 관련된 종합적 사전제도에 대해서 살펴보도록 한다. '종합/사전/SW/

공공' 유형의 시책인 '온실가스감축인지 예산제도'(기본법 제24조, 시행령 제16조)에 따르면 국가와 지자체는 관계 법률에서 정하는 바에 따라 예산과 기금이 기후변화에 미치는 영향을 분석하고 이를 국가와 지자체의 재정 운용에 반영하는 온실가스감축인지 예산제도를 실시하도록 하고 있다. 기획재정부 소관 「국가재정법」 제16조(예산의 원칙)에는 정부가 예산이 온실가스 감축에 미치는 효과를 평가하고 그 결과를 정부의 예산편성에 반영하기 위하여 노력하도록 하는 원칙이 추가되고, 같은 법 제27조에는 온실가스감축인지 예산서의 작성 규정이 마련됨에 따라 이 제도의 실질적 실행을 뒷받침하고 있다.

'목표 관리제'는 '종합/사전/SW/공공' 유형과 '종합/사전/SW/민간' 유형의 시책으로 세분된다. 우선 공공과 관련하여 기본법 제26조에 따라 정부는 국가 비전 및 중장기 감축 목표 등을 달성하기 위하여 관계 중앙 행정 기관, 지자체, 시·도 교육청, 공공기관 등(이하 공공기관등)에 대하여 온실가스 감축 목표를 설정하도록 하고 매년 이행실적을 제출받아 그 추진상황을 지도·감독할 수 있다. 민간에 대해서는 기본법 제27조를 통해, 정부는 기준량 이상의 온실가스를 배출하는 업체(이하 관리업체)를 지정하고, 관리업체와 협의하여 온실가스 감축 목표를 설정·관리하도록 하고 있다. 관리업체로 지정된 업체는 온실가스 배출량 명세서를 정부에 제출하여야 하고, 이를 바탕으로 정부는 등록부를 작성하여 체계적으로 관리하여야 하며 관리업체별 온실가스 배출량, 목표 달성 여부 등을 공개할 수 있다. 정부는 공공기관등과 관리업체의 이행실적이 목표에 미달하는 경우 목표달성을 위하여 개선을 명할 수 있다. 정부는 공공기관등과 관리업체가 목표달성과 개선계획을 차질 없이 이행할 수 있도록 하기 위하여 재정·세제·경영·기술 지원, 실태조사 및 진단, 자료·정보의 제공 및 관련 정보시스템의 구축 등을 할 수 있다.

'기업 녹색경영'은 앞에서 언급한 목표 관리제 중 '종합/사전/SW/민간' 유형의 시책과 유사하다. 다만 그 차이점은, 기본법 제55조(기업의 녹색경영 촉진 등)를 통해 정부는 기업이 경영활동에서 자원과 에너지를 절약하고 효율적으로 이용하며 온실가스 배출 및 환경오염의 발생을 최소화하면서 사회적·윤리적 책임을 다하는 경영(이하 녹색경영)을 할 수 있도록 지원·촉진한다는 점에서 찾을 수 있다. 이를 위해 정부가 시행하는 대표적 시책으로 '친환경 생산 체제로의 전환을 위한 기술 지원'과 '기업의 온실가스 배출량, 감축 실적 및 감축 계획의 공개' 등을 들 수 있다.

이어서 여기서부터는 '종합/사후' 유형의 시책들을 고찰하기로 한다. 이 유형에 속하는 시책들은 모두 수요 효율화를 위한 비물리적 제도(SW)에 해당함(〈표 3-1〉 참조)에 유의하여야 한다.

먼저 '종합/사후/SW/공공' 유형의 시책에 해당하는 '온실가스 종합정보관리체계'의 구축(기본법 제36조, 시행령 제39조) 제도를 살펴보도록 한다. 관련 규정에 따르면, 정부는 국가와 지역별 온실가스 배출량 · 흡수량, 배출 · 흡수계수 등 온실가스 관련 각종 정보와 통계를 개발 · 분석 · 검증 · 작성하고 관리하는 종합정보관리체계를 구축 · 운영해야 하고, 이를 수행할 기관으로서 환경부에 온실가스 종합정보센터(이하 종합정보센터)를 두어야 한다. 이뿐만 아니라 종합정보관리체계가 원활히 운영될 수 있도록 관계 중앙 행정 기관의 장과 시 · 도지사와 시장 · 군수 · 구청장은 소관 분야와 지역별 온실가스 정보와 통계를 매년 작성하여 종합정보센터에 제출하는 등 적극 협력하도록 하고 있다. 동시에 정부는 국가와 부문별 · 지역별 온실가스 배출량과 잠정치를 포함한 각종 정보와 통계를 분석 · 검증하고 그 결과를 매년 공개해야 한다. 이를 통해 정부와 지자체는 국가의 총체적 역할에 힘입어 비로소 국가 온실가스 배출량과 지역별 온실가스 배출량 간의 정합성을 확보할 수 있는 실질적 노력을 기울일 수 있을 것으로 본다.

'배출권거래제'(기본법 제25조)는 '종합/사후/SW/공공&민간' 유형의 시책으로서 '사후의 시책'의 실제적 제도라고 할 수 있다. 이에 따르면, 정부는 국가 비전 및 중장기 감축 목표 등을 '효율적으로'(저자는 '실제적으로'가 더 적절한 표현이라고 판단한다) 달성하기 위해 온실가스 배출 허용 총량을 설정하고 시장 기능을 활용해 온실가스 배출권을 거래하는 제도를 운영하고 있다. 그러나 이 책 2장 1절을 통해 배출권의 거래를 "소극적 탄소중립"의 제도라고 정의했듯이, 이 제도는 국가가 탄소중립 목표를 달성하는 데 마지막 수단이 되어야 한다. 따라서 국가는 환경부 소관 「온실가스 배출권의 할당 및 거래에 관한 법률」과 「온실가스 배출권거래제의 배출량 보고 및 인증에 관한 지침」을 통해 배출 허용량의 할당 방법, 등록 · 관리 방법 및 거래소의 설치 · 운영, 배출량의 인증 기준 · 절차 등을 정하여 엄격하게 계획 · 관리하고 있다.

마지막 시책으로, '국제감축사업'은 '종합/사후/SW/민간&공공' 유형의 시책에 해당한다. 기본법 제35조(국제감축사업의 추진)는 국제감축사업을 온실가스 감축 실적을 얻기 위해 행하는 기술 지원, 투자 및 구매 등의 사업(파리협정 제6조 참조)으로 정의하고 있다. 이에 따르면, 국제감축사업을 수행하려는 자는 사업 내용과 온실가스 예상 감축량 등을 포함한 사업 계획서를 정부에 제출하고 사전 승인을 받아야 한다. 파리협정 제6조에 따른 측정 · 보고 · 검증 방법상 적합하다고 인정받은 온실가스 감축량은 국제 감축 실적으로 등록되어 체계적으로 관리되어야 하는데, 정부는 중장기 감축 목표 등의 달성을 위해 등록된 국제 감축 실적을 활용할 수 있다. 나아가 정부는 외국 정부와 공동으로 국제감축사업을 수행할 수 있다. 그러나 이 제도도 배출권거래제와 마찬가지로 국가가 탄소중립 목표를 달성하는 데 마지막 수단이 되어야 할 것이다.

부문 유형의 온실가스 감축 시책 관련 법·제도

이 절에서는 〈표 3-1〉의 하단부에 속한 '부문' 유형의 시책들에 대하여 기본법을 포함한 관련 법 · 제도를 통해 살펴보도록 한다. '종합' 유형의 시책과 달리 '부문' 유형에 속한 6개의 시책은 모두 HW, 즉 물리적 시설과 관련되어 있다.

먼저 '부문/사전'에 속한 유형의 시책들(〈표 3-1〉 하단부 왼쪽 칸)을 고찰하도록 한다. '지역 에너지 전환'은 '부문/사전/HW/공공' 유형의 시책에 해당한다. 기본법 제30조(지역 에너지 전환의 지원)에서는 정부가 기후위기에 대응하기 위해 지역별로 신·재생에너지의 보급·확대 방안을 마련하는 등 지자체의 에너지 전환을 지원하는 정책을 수립·시행하도록 하며, 이 정책의 시행에 필요한 비용의 전부 또는 일부를 예산 범위 내에서 지자체에 보조할 수 있도록 하는 등 기본 원칙에 해당하는 사항을 정하고 있다. 그러나 같은 법의 시행령 제29조에서는, 소관 부처장인 산업통상자원부 장관으로 하여금 「에너지법」 제7조에서 정한 지역 에너지 계획의 수립·시행을 지원하고 기본법 제68조에서 정한 지자체별 에너지 전환 촉진 및 전환 모델의 개발·확산을 지원하는 등 그 역할을 구체적으로 제시하고 있다. 나아가 지역 에너지 계획을 수립할 때에는 에너지의 안정적 공급뿐 아니라 신·재생에너지 등 환경친화적 에너지 사용을 위한 대책을 포함하도록 하고 있는데, 이를 위하여 「신에너지 및 재생에너지 개발·이용·보급 촉진법」에 따라 신·재생에너지의 기술 개발과 이용·보급의 촉진에 관한 시책을 마련하도록 하고, 「에너지 이용 합리화법」 제57조에 따라 한국에너지공단으로 하여금 신·재생에너지의 개발과 보급 사업을 시행하도록 하고 있다. 더 나아가 2023년 6월에 제정된 「분산에너지 활성화 특별법」에서는 에너지를 사용하는 공간 · 지역 또는 인근 지역에서 공급하거나 생산하는 일정 규모 이하의 에너지를 의미하는 분산에너지를 확대 · 활성화하고 에너지 공급의 안정을 증대함을 목적으로 하고 있는데, 이를 통해 앞으로는 지금처럼 특정 지역에 집중하여 에너지를 공급하는 방식이 아닌 분산적인 지역 에너지 전환 정책이 탄력을 받을 것으로 기대한다.

'녹색건축물'은 '부문/사전/HW/공공&민간' 유형의 시책이다. 기본법 제31조(녹색건축물의 확대)는 정부로 하여금 에너지 이용 효율과 신 · 재생에너지의 사용 비율이 높고 온실가스 배출을 최소화하는 건축물(이하 '녹색건축물')을 확대하기 위한 정책을 수립 · 시행하도록 하고 있다. 구체적으로 정해진 바에 따르면, 정부는 기준 이상의 건물에 대하여 중장기 및 기간별 목표를 설정 · 관리하여야 하며, 건축물의 설계 · 건설 · 유지관리 · 해체 등의 전 과정에서 에너지 · 자원 소비를 최소화하고 설계 기준 및 허가 · 심의를 강화하는 등 설계 · 건설 · 유지 관리 · 해체 등의 단계별 대책 및 기준을 마련하여 시행하여야 한다. 나아가 기본법 제31조에서는 정부로 하여금 기존 건축물이 녹색건축물로 전환되도록 에너지 진단 및 「에너지 이용 합리화법」 제25조에 따른 에너지 절약 사업과 국토교통부 소관의 「녹색건축물 조성 지원법」 제27조에 따른 '그린리모델링' 사업을 통해 온실가스 배출을 줄이는 사업을 지속적으로 추진하도록 하고 있다. 기본법 제31조는 정부가 해야 할 역할의 폭을 넓게 설정하고 있는데, 신축 또는 개축되는 건축물에 지능형 계량기를 설치하도록 하는 소소한 부분에서부터, 공공기관과 교육 기관 등의 건축물을 녹색건축물로 전환하기 위한 이행 계획을 수립하고 이행 사항을 점검 · 관리하는 중요한 역할까지 명시하고 있다. 나아가 기본법 시행령 제30조에 따르면 소관 부처장인 국토교통부 장관으로 하여금 기본법 제31조에 따라 신도시개발 또는 도시 재개발을 하는 경우에는 녹색건축물을 적극 보급하도록 하고 있다. 또한 기본법 제31조에 따라 국토교통부 장관은 녹색건축물의 확대를 위하여 「녹색건축물 조성 지원법」 제16조와 제17조에 따른 녹색건축 및 제로 에너지 건축물 인증이 적용되는 건축물을 조성하는 자에게 재정적 지원을 할 수 있도록 하고 있다. 이와 같은 촘촘한 법 · 제도의 마련과 시행을 통해 가까운 장래에 녹색건축물의 보편적인 확대가 예상된다.

'녹색교통'도 '부문/사전/HW/공공&민간' 유형의 시책에 속한다. 기본법 제32조(녹색교통의 활성화)를 통해 제시된 정부의 정책은, 첫째, 환경 친화적 자동차의 보급, 둘째, 철도와 버스 · 지하철 · 경전철 등 대중교통 수단의 확대, 셋째, 교통수요관리 대책의 마련 등으로 요약된다. 첫 번째 정책으로서, 정부는 녹색교통을 활성화하기 위해 내연 기관차의 판매와 운행을 축소하는 정책을 수립 · 시행하여야 하고, 운행하는 자동차에 대해서는 평균 에너지 소비 효율을 개선함으로써 에너지 절약을 도모해야 한다. 이를 위해 정부는「대기환경보전법」제46조를 준수하여 자동차 평균 에너지 소비 효율 기준 및 자동차 온실가스 배출 허용 기준을 정해야 한다. 이와 함께 정부는 내연 기관차를 대신하여「환경 친화적 자동차의 개발 및 보급 촉진에 관한 법률」제2조에 따른 전기자동차, 태양광자동차, 수소전기자동차 등의 보급을 촉진해야 하는데, 연도별 보급 목표 등을 설정해 이행 결과를 위원회에 보고해야 한다. 기본법 제32조는 정부로 하여금 전기자동차 등의 보급을 촉진하기 위하여 재정 · 세제 지원, 연구 개발, 구매 의무화, 저공해 자동차 보급 목표제 등 관련 제도의 도입 및 확대 방안을 강구 할 수 있도록 하고 있다. 두 번째 정책으로, 정부는 철도가 국가 기간 교통망의 근간이 되도록 철도에 대한 투자를 지속적으로 확대하고, 버스 · 지하철 · 경전철 등 대중교통 수단을 확대하여야 한다. 나아가 정부는 철도 수송 분담률, 대중교통 수송 분담률 등의 제고를 위해 중장기 및 단계별 목표를 설정하고 관리해야 한다. 세 번째 정책은 앞의 두 정책의 효과를 강화하기 위한 교통수요관리 대책으로, 정부는 '혼잡 통행료 및 교통 유발 부담금 제도 개선', '버스 · 저공해 차량 전용차로 및 승용차 진입 제한 지역 확대', '통행량을 효율적으로 분산시킬 수 있는 지능형 교통 정보시스템의 확대 · 구축', '자전거 등 다양한 녹색 이동 수단의 도입' 등을 마련해야 한다. 이를 통해 정부는 온실가스와 대기 오염의 최소화뿐 아니라 특히 대도시 · 수도권 등에서의 교통 체증을 근본적으로 해결할 수 있을 것으로 기대하고 있다.

여기서부터는 '부문/사후' 유형의 시책들(〈표 3-1〉 하단부 오른쪽 칸)을 살펴보기로 한다. 이 유형에 속하는 시책에는 '탄소흡수원', '탄소포집 · 이용 · 저장 기술', '순환경제' 등이 해당한다.

먼저 살펴볼 시책은 '탄소흡수원'으로 '부문/사후/HW/공공&민간' 유형에 해당한다. 기본법 제33조(탄소흡수원 등의 확충)에 따르면, 정부는 산림지, 농경지, 초지, 습지, 정주지, 바다숲(「수산자원관리법」 제2조) 등에서 온실가스를 흡수하고 이를 대기로부터 영구 또는 반영구적으로 격리하여 저장하는 '탄소흡수원'을 조성 · 확충하거나 온실가스 흡수 능력을 개선하기 위한 대책을 수립 · 시행해야 한다. 여기서 탄소흡수원은, 산림청 소관의 「탄소흡수원 유지 및 증진에 관한 법률」 제2조에 정의되어 있듯이, 입목, 죽, 고사 유기물, 토양, 목제품 및 산림 바이오매스 에너지 등을 말한다. 기본법 제33조에 따라, 정부는 대책의 수립 · 시행에서 탄소흡수원의 조성 · 확충 및 온실가스 흡수 능력의 개선을 위한 목표와 기본 방향을 정하고, 개선 현황에 대한 이행 평가 · 점검 방안을 마련하고, 개선 관련 사업 수행 시 생물 다양성 등 생태계 건강성 보호 · 보전을 위한 방안을 강구하여야 하며, 온실가스 흡수 관련 정보 및 통계 체계를 구축할 뿐 아니라 연구 개발, 전문 인력 양성, 재원 조달, 교육 · 홍보 등을 위해 필요한 사항을 수행해야 한다. 나아가 정부는 사업자가 탄소흡수원 등의 조성 · 확충을 자발적으로 실시하려는 때에는 이에 필요한 행정적, 재정적, 기술적 지원 등을 할 수 있다. 이처럼 기본법 제33조에 따른 '탄소흡수원' 시책은 국토 전체를 대상으로 보편적 수준의 정책 방향을 제시하고 있다. 그러나 개발로 인해 탄소흡수원의 축소가 심각하게 진행되고 있는 도시 지역에서는 산림지, 농경지, 초지, 습지, 연안, 공원 및 녹지 등의 도시 내 탄소흡수원과 건물 등 인공 구조물을 활용한 탄소흡수 및 탄소포집을 포함해 도시의 탄소흡수 능력을 보전 · 확대하기 위한 구체적인 계획 및 관리의 방향이 중요하다. 이를 위해서는 앞 절에서 살펴본 '탄소중립도시' 시책의 말미에서 언급한 것과 마찬가지로, 이미 개정된 「도시 · 군기본계획수립지침」뿐 아니라 다양한 관련 법의 후속적인 개정을 통해 소관 부처인 국토교통부의 주도적 역할을 강화해 나가야 할 것이다.

'탄소포집 · 이용 · 저장 기술'은 '부문/사후/HW/공공&민간' 유형의 시책에 속한다. 기본법 제34조(탄소포집 · 이용 · 저장 기술의 육성)에 따르면, 정부로 하여금 획기적인 에너지 소비 저감을 이루지 못하는 상황에 이르러서도 국가 비전과 중장기 감축 목표 등의 달성에 기여하기 위하여 이산화탄소를 배출 단계에서 포집하여 이용하거나 저장하는 기술, 즉 탄소포집 · 이용 · 저장 기술(carbon capture, utilization and storage, 이하 CCUS)의 개발과 발전을 지원하기 위한 시책을 마련하도록 하고 있다. 이를 위하여 정부는 CCUS의 실증을 위한 규제 특례 등에 관하여 별도의 법률로 정하기로 했으나 현재까지 진전된 바는 없다. 그만큼 CCUS는 높은 기대 효과에 비해 실현 가능성이 매우 낮은 기술이라고 할 수 있다.

이제 마지막으로 살펴볼 시책은 '순환경제'인데, 이는 국가기본계획에서 '폐기물' 부문의 감축 정책(〈표 3-2〉 참조)과 관련된 시책으로 '부문/사후/HW/공공&민간' 유형에 속한다. 기본법 제64조(순환경제의 활성화)에 따라 정부는 제품의 지속가능성을 높이고 버려지는 자원의 순환망을 구축하여 투입되는 자원과 에너지를 최소화함으로써, 생태계의 보전과 온실가스 감축을 동시에 구현하기 위한 친환경 경제 체계(이하 '순환경제')를 활성화해야 한다. 특히 정부는 폐기물의 '재활용'(환경부 소관「폐기물관리법」 제2조)과 관련된 활동, 즉 '폐기물의 선별·재활용 체계 및 재제조 산업의 활성화'와 '에너지 자원으로 이용되는 목재, 식물, 농산물 등 바이오매스의 수집·활용' 등의 활동을 위한 시책을 수립·시행하여야 한다. 이와 같은 활동을 도시 지역에 도입하려면 이를 위한 시설과 그 시설의 적절한 입지 및 설치 등에 관한 지침이 마련되어야 한다. 그러나 개정된「도시·군기본계획수립지침」에서도 여전히 기본법 제64조와 같은 수준의 원칙만을 언급하고 있다. 향후 효과적이며 혁신적인 시책 방안을 강구하고 제시하여야 할 것이다.

기본법에 온실가스 감축 시책으로 명문화되어 있지 않지만 '농축수산'도 국가와 지자체가 연계해서 탄소감축 효과를 이끌어 낼 수 있는 온실가스 인벤토리다(〈표 3-2〉 참조). 그러나 '농축수산'은 농식품부와 해수부가 소관 부처로서 도시 지역과 관련성이 낮으므로 이 책에서는 다루지 않기로 한다.

이제 3장을 마치며 지금까지 살펴본 내용을 간략하게 요약하고자 한다. 이 책의 2장에서 논의했듯이, 탄소중립의 목표는 국가, 지자체, 기업, 가정 등 다양한 주체의 역할이 온실가스 인벤토리별로 특성에 부합하게 효과적으로 적용돼야 비로소 달성될 수 있다. 결국 우리나라가 성공적으로 탄소중립의 목표를 달성하려면 국가가 하향식으로 정한 목표가 다른 실행 주체들의 상향식 목표와 정합하도록 해야 하는데, 이를 위해 양측의 세부 목표를 체계적으로 조절하는 국가의 총체적 역할은 당연히 필요하다. 이런 필요성을 모두 공감하고는 있지만, 그 역할의 실체는 여전히 불분명하다. 이런 상태로는, 정부가 국가기본계획의 수립을 통해 온실가스 인벤토리별로 감축 정책과 주관부처를 정하여 체계적인 이행 전략을 마련했음에도 불구하고, 탄소중립 목표를 무난히 달성할 것으로 기대하기 힘들다. 따라서 3장에서는 국가의 탄소중립 이행을 위하여 제정되어 시행 중인 「탄소중립기본법」뿐 아니라 그와 관련된 법·제도들을 국가의 총체적 역할의 원활한 수행의 관점으로 고찰했다. 그 결과, 국가의 총체적 역할은 「탄소중립기본법」에서 제시한 다양한 온실가스 감축 시책의 특성을 고려하여 효과적으로 적용할 수 있도록 하고, 법과 제도에서 제시하고 있는 모든 시책을 포괄적으로 빠짐없이 적용할 수 있도록 하여 탄소회계적으로 정한 탄소중립 목표를 안정적으로 달성할 수 있게 하는 데 있음을 확인했다.

이 책의 3장까지 살펴본 내용은 이 책의 4장부터 본격적으로 다룰 탄소중립도시에 대해서 논의하는 데 기초 내지는 바탕 지식으로 활용될 것이다. 지금까지 알려진 탄소중립도시에 대한 많은 논의와 이 책의 차이는 바로 "탄소중립도시는 총체적으로 정의되고, 그 효과도 국가의 탄소중립 목표의 달성 여부에 따라 평가되어야 하며, 이를 위한 정책 역시 총체적으로 수립 · 집행되어야 한다"(이승일, 2022)는 점에 있음을 밝혀 둔다.

참고문헌

관계부처 합동(2023). 제1차 국가 탄소중립·녹색성장 기본계획. 관계부처 합동.

이승일(2022). 『탄소중립도시를 위한 역세권 개발론』. 커뮤니케이션북스.

환경부(2021.8.31). 2050 탄소중립을 향한 경제·사회 전환 법제화 「탄소중립기본법」 국회 통과. 보도자료.

04
탄소중립도시의 정의

본질적 정의

단어로만 보면 '탄소중립도시'는 '탄소중립'과 '도시'의 합성어다. 그러나 탄소중립도시는 두 단어를 단순히 합성한 것 이상의 의미를 지니고 있다. 합성된 단어를 분리해 각 단어의 본질적 의미를 차례로 살펴보면, 우선 탄소중립은, 이 책의 서론에서 말했듯이, 인간의 활동으로 인해 발생하는 탄소의 배출량을 (인류가 감당할 수 있는 수준 안에서) 최대한 감축하고, 그래도 줄이지 못한 탄소는 산림 등으로 흡수하거나 기술적으로 제거해서 실질적인 배출량을 영(零)으로 만들도록 하자고 전 세계 국가들이 합의한 개념이다. 즉 탄소중립은 실현 가능성을 고려해 국가별로 배출하는 탄소량과 흡수되는 탄소량을 같게 해 국가의 '탄소순(net)배출'이 영(zero)이 되도록 하는 현실 타협적 목표다.

이처럼 탄소중립의 목표는 국가들 사이에서 지켜져야 할 약속이므로, 국가의 의무라고 해야 한다. 그러나 탄소는 인간의 활동량에 비례하여 배출되므로, 탄소배출을 실제로 줄일 수 있는 주체는 바로 인간이다. 여기서 말하는 인간이란 국가에 속하여 활동하는 자연인(국민)과 다양한 형태의 법인(국가와 지자체 외에 여러 형태의 회사 등 법인격)을 의미한다. 이런 복잡하고 다양한 주체들을 이 책의 2장과 3장에서는 "국가, 지자체, 기업, 가정 등"으로 단순하게 정의했다. 그러나 탄소는 자연인이든 법인이든 결국 사람에 의해서 배출되므로 모두 합하여 인구라고 할 수 있다. 결국 한 국가가 배출하는 탄소량은 그 국가에 속한 인구의 수와 그 인구가 수행하는 활동에 의해 결정된다고 할 수 있다. 따라서 한 국가 안에서도 인구가 집중적으로 모여 활동하는 지역에서 더 많은 탄소가 배출되는 게 당연한데, 그 지역이 바로 '도시'라고 할 수 있다.

이제는 이런 도시의 본질적 의미를 살펴보도록 한다. 우선 도시를 단순히 공간적으로만 보면, '도시는 인구가 집중된 지역'이라고 정의할 수 있다. 결과적으로, 도시 지역이 아닌 공간은 자연스레 비도시 지역이 된다. 현재 전 세계의 인구는 약 80억 명으로 추정되는데, 그 인구의 절반 이상이 지구 전체 면적의 2%에 불과한 도시 지역에 거주하며 활동하고 있다. 그뿐 아니라 도시에는 전 세계 GDP의 70% 이상이 집중되어 있는데, 이 비율과 비슷하게 세계 온실가스의 80% 정도가 도시에서 배출되고 있다(Hoornweg et al., 2011; 이승일, 2022). 이를 다르게 말하면, 도시에는 50% 정도의 인구가 모여 살면서 경제, 즉 자본은 인구의 비율보다 훨씬 많은 70%가 넘게 집중하고 있고, 그만큼 탄소를 더 많이 배출하고 있다는 것이다. 여기서 도시에 거주하는 인구가 집중할수록 경제의 규모가 더 커지는 현상을 '집적의 효과(the effect of agglomeration)'로 설명할 수 있다. 즉 어느 한 도시에 경제가 집중하면 그 도시의 인구뿐 아니라 주변 비도시 지역에 거주하는 인구도 유입하여 경제 활동을 수행하므로 그 도시의 인구당 생산성은 훨씬 커진다는 것이다. 바로 이런 경제적으로 유리한 효과 때문에 기존 도시 지역의 밀도가 더 높아지거나 비도시 지역이 도시 지역으로 바뀌는 도시화(urbanization)는 전 세계적으로 끊임없이 일어날 수밖에 없다. 그 결과, UN(2018)은 2050년에 세계 인구가 90억 명에 이르고, 75% 이상이 도시에 거주할 것으로 예측했다. 이를 바탕으로 2050년의 세계 온실가스의 배출량 비율을 단순히 계산하면, 도시 인구의 비율이 현재 50%에서 2050년에는 75%로 증가한다고 했으므로, 전 세계 GDP의 도시 비율은 70%

에서 100%로 늘어나게 되고, 세계 온실가스 배출량의 도시 비율도 덩달아 100%에 이를 것으로 추정된다. 이는 곧 2050년에 이르면 지구의 온실가스는 모두 도시에서 배출되는 것을 의미한다. 달리 말하면, 전 세계의 도시화율이 증가하면 할수록 탄소배출량은 가중적으로 늘어난다는 것이다. 특히 우리나라의 도시화율은 세계 국가의 평균 비율보다 훨씬 높아서 도시에서의 탄소배출 비율은 그에 상응하는 만큼 더 높다. 그러므로 우리나라에서는 도시에서의 탄소중립을 위한 노력이 더욱 절실하게 필요한 것이다.

이제부터는 두 단어를 합성하여 만든 탄소중립도시의 본질적 의미에 대해서 살펴보도록 한다. 어의적으로만 볼 때, 도시를 '조직의 경계'(이 책의 1장 참조)로 삼아 그 안에서 탄소중립의 목표가 달성된다면 탄소중립도시라 할 수 있다. 이를 판단하기 위해서는 어느 한 도시가 탄소중립에 이르렀음을 판단할 수 있는 기준이 필요하다. 탄소배출의 근본 원인은 인구의 활동이므로, 인구를 기준으로 삼아 도시 인구 1인당(모든 인구가 동등한 책임) 연간 탄소배출량이 도시공간에서 생태적으로 흡수하고 기술적으로 포집함에 따른 도시 인구 1인당 연간 탄소흡수량과 같아야 탄소중립도시라고 할 수 있다. 그러나 이론적으로는 단순해 보이지만, 이를 실증하려면 실제 도시를 대상으로 1인당 연간 탄소배출량과 탄소흡수량을 산정해야 하는데, 이는 매우 어려운 일이다. 활동의 선택 기회가 공간적으로 넓게 분포되어 있고 교통수단과 인프라의 발달로 이동성(mobility)이 극대화된 현대 사회에서 사람과 물자가 도시의 경계를 넘나들며 수행하는 다양한 활동으로 인해 배출되는 탄소량을 도시의 단위로 구분하여 실제로 파악하기 힘들기 때문이다. 이런 어려움에도 불구하고, 이 책 1장의 2절에서 살펴본 바와 같이, 지금까지 국내외에서 탄소배출량을 정확하게 산정하기 위한 방법론을 개발하는 데 커다란 노력을 기울여 왔다. 그 이유는 이를 통해서만 탄소배출량을 줄이고 탄소흡수량을 늘릴 수 있는 효과적인 대책을 모색하여 탄소중립의 목표를 달성할 수 있기 때문이다. 최근 데이터 수집 · 관리와 정보시스템의 발달로 인하여 사람과 물자에 의한 다양한 활동을 실제 그대로 파악할 수 있는 기술적 여건이 갖추어져서 관련 통계 자료가 대량으로 생산되고 있다. 이를 바탕으로, 이 책의 2장에서 제시한 탄소배출량 계산식(식 2)과 탄소흡수량 계산식(식 3)을 적용하여 탄소중립도시를 정확하게 평가해 낼 가능성이 점차 커지고 있다.

지금까지의 논의를 종합해서 살펴보기 위하여 논의를 다시 탄소중립 주제로 되돌리고자 한다. 앞서 말했듯이 탄소중립은 국가가 달성해야 할 목표이고, 국가의 의무다. 이를 위해 국가에 속한 모든 도시가 동시에 탄소중립 목표를 달성하게 되면, 국가는 수월하게 자신에게 주어진 목표를 달성할 수 있다. 그러나 한 국가에 속한 도시들은 저마다 규모와 성격이 달라서, 모든 도시에 대하여 조직 경계 안에서 1인당 연간 탄소배출량과 탄소흡수량을 같게 만들어 탄소중립도시에 이르기를 기대하는 것은 오히려 비현실적이다. 엄밀하게 보면, 세계적으로 국가 간의 차이도 한 국가 안에서 도시 간의 차이와 다를 바 없다. 따라서 저자는 탄소중립은 지구(地球)의 차원에서 달성해야 할 목표로 삼아야 한다고 생각한다. 그러나 지구의 탄소중립목표를 달성하는 실행의 주체는 국가일 수밖에 없듯이, 국가 안에서도 탄소배출을 줄이는 실질적인 실행의 주체는 지자체, 기업, 가정 등이다. 이들 주체는 모두 도시에 귀속되므로 '도시 단위의 주체'라고 부를 수 있다. 결국 국가는 자신의 총체적 역할을 통해 도시 단위의 주체로 하여금 탄소배출량을 탄소흡수량만큼 줄이도록 목표를 설정해 지원 · 관리 · 감독을 수행함으로써 국가적으로 약속한 탄소중립에 이르도록 해야 한다. 이를 위해 국가는 국가의 탄소중립 목표를 설정하여 국가에 속한 도시들에 배분하고, 도시는 배분된 목표를 효율적으로 달성하기 위한 이행 계획과 전략을 마련하여 실행에 옮기는 이른바 '양방향의 노력'이 끊임없이 이루어져야 한다.

이제 지금까지 논의한 탄소중립도시의 본질적 의미를 종합하여 정리하도록 한다. 탄소중립도시의 의미는, 도시마다 탄소중립을 이루기를 기대하는 어의적 정의에서보다, 도시 인구 1인당 연간 탄소배출량을 저감하고 도시공간에서 생태적으로 흡수함에 따른 1인당 연간 탄소흡수량을 증대함으로써 "국가의 탄소중립목표의 달성에 기여하는 도시"라는 실질적 정의에서 찾는 것이 탄소중립의 본질에 더 가깝다고 할 수 있다.

법·제도적 정의

탄소중립도시를 법 · 제도적으로 정의하기 위해서는 당연히 「탄소중립기본법」을 기초로 삼으면 된다고 여기기 쉽다. 그러나 「탄소중립기본법」에서 탄소중립도시를 직접 규정한 조문은 제29조(탄소중립도시의 지정 등)가 유일한데, 그 내용은 탄소중립도시를 조성하기 위한 사업들을 열거한 수준에 불과하다. 그러므로 이 법에 있는 탄소중립도시와 직간접적으로 연관된 모든 조문을 살펴봐야 비로소

법 · 제도적인 정의가 가능할 것이다.

우선 「탄소중립기본법」의 목적(제1조)을 보면, "이 법은 기후위기의 심각한 영향을 예방하기 위하여 온실가스 감축 및 기후위기 적응 시책을 강화하고 탄소중립사회로의 이행 과정에서 발생할 수 있는 경제적 · 환경적 · 사회적 불평등을 해소하며 녹색기술과 녹색산업의 육성 · 촉진 · 활성화를 통해 경제와 환경의 조화로운 발전을 도모함으로써, 현재 세대와 미래 세대의 삶의 질을 높이고 생태계와 기후 체계를 보호하며 국제 사회의 지속가능발전에 이바지하는 것을 목적으로 한다"고 하고 있다. 법의 목적에는 우리가 으레 그러리라고 기대한 '국토와 도시의 탄소중립 전환'이라는 말 대신 '탄소중립사회로의 이행'이라는 표현을 사용하고 있다. '국토와 도시의 탄소중립 전환'을 기대했던 이유는 아마 지금까지 국가의 당면 문제를 국토와 도시의 개발, 즉 "국민 생활과 경제 활동에 필요한 토지 및 각종 시설물의 효율적 이용과 원활한 공급"[「국토의 계획 및 이용에 관한 법률」(이하 「국토계획법」) 제3조 제1항]의 방식으로 해결하는 데 익숙해져 있기 때문일 것이다. 그러나 다른 도시 문제와 달리 탄소감축을 위해 에너지의 소비를 혁신적으로 줄이는 문제는 국토와 도시개발이라는 공간적 차원의 해결 방식을 넘어서, 18세기 영국에서 일어난 산업혁명에서 시작하여 지금까지 구축된 현대 문명 사회를 근본적으로 바꾸는 사회적 해법이 필요하다(이승일, 2022). 그러므로 오히려 '탄소중립사회로의 이행'이 더 적절한 표현이라고 해야 할 것이다.

이어서 「탄소중립기본법」 제2조(정의)에서는 탄소중립사회를 "화석연료에 대한 의존도를 낮추거나 없애고 기후위기 적응 및 정의로운 전환을 위한 재정 · 기술 · 제도 등의 기반을 구축함으로써 탄소중립을 원활히 달성하고 그 과정에서 발생하는 피해와 부작용을 예방 및 최소화할 수 있도록 하는 사회"라고 정의하고 있다. 이에 맞추어 「탄소중립기본법」은 4개 분야로 구분된 탄소감축 시책, 즉 온실가스 감축(법 제5장), 기후위기 적응(법 제6장), 정의로운 전환(법 제7장), 녹색성장(법 제8장) 등을 제시하고 있다(상세한 내용은 이 책 3장 참조). 〈그림 4-1〉은 각 시책에 대한 이행 주체를 국가와 지자체로 구분했다. 이 그림에서 보듯, 위에 있는 두 시책은 공간과 관련이 깊고 탄소감축의 효과가 커서 탄소중립에의 영향력이 매우 크다. 반면에, 아래에 있는 두 시책은 비공간적인 사회와 관련성이 크지만 탄소중립에의 영향력은 상대적으로 작은 편이다. 따라서 탄소중립사회로의 이행에서 지자체가 주체인 공간적 차원의 탄소감축 방안, 즉 '탄소중립도시로의 전환'이

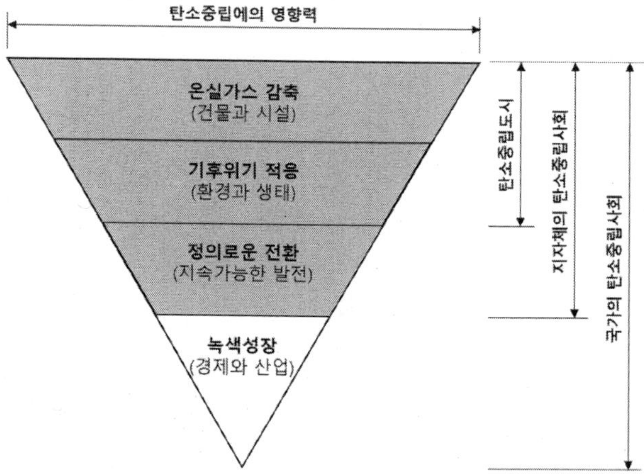

그림 4-1 탄소감축 시책과 탄소중립사회 유형

차지하는 비중은 매우 크다고 할 수 있다.

나아가 「탄소중립기본법」 제3장(국가 탄소중립 녹색성장 기본계획의 수립 등)에서는, 국가와 지자체가 탄소중립사회로의 이행을 위한 자신의 역할을 분명히 인지할 수 있게끔, 각각의 기본계획에 포함되어야 할 시책의 범위를 구별하여 제시하고 있다(법 제10조 제2항에는 국가기본계획, 제11조 제2항에는 지자체 기본계획에 포함되어야 하는 시책을 명시하고 있다). 법 제3장은 사실상 〈그림

4-1〉에서 각 시책 분야를 국가와 지자체에 해당하는 것으로 구분하기 위한 근거의 역할을 한다. 〈그림 4-1〉에서 보듯, 국가는 탄소중립사회로 이행하기 위해 모든 시책 분야를 적용해야 하지만, 지자체의 탄소중립사회 이행을 위해서 새로운 경제와 산업의 발전을 모색하는 녹색성장 분야를 반드시 포함하지 않아도 된다. 지자체의 역할 안에 포함된 '탄소중립도시'는 탄소감축에 직접적인 영향을 미치는 시책을 적용하는 개념으로서 그 범위는 작지만, 앞서 언급했듯이 탄소감축을 위한 효과는 가장 크다. 이와 같은 법 · 제도의 검토 과정을 통하여, 탄소중립도시는 국가와 지자체의 탄소중립사회로의 이행과는 다른, 건물과 시설 나아가 환경과 생태와 직접 관련된 개념으로 정의할 수 있다.

그러나 「탄소중립기본법」에 담긴 정의들의 진정한 의미는 국가와 지자체의 탄소중립사회로의 이행, 지자체의 탄소중립도시로의 전환 등 개별적 전략들은 분리되지 않고 상호 긴밀하게 연계되어야 한다는 점에서 찾을 수 있다. 이는 다음 두 조문을 통해 확인할 수 있다. 즉 국가는 "중장기 감축 목표 등의 달성을 위한 부문별 · 연도별 대책"(법 제10조 제2항 제4호)을 마련하게 했고, 지자체는 "지역별 중장기 온실가스 감축 목표 및 부문별 · 연도별 이행 대책”(법 제11조 제2항 제2호)을 마련하도록 했는데, 이는 둘 사이 긴밀한 연계, 즉 국가의 총체적 역할이 필요함을 의미한다.

이 절의 도입부에서 탄소중립도시를 법적으로 직접 규정한 조문은 제29조(탄소중립도시의 지정 등)가 유일하다고 했고, 그 내용은 탄소중립도시를 조성하기 위한 사업을 열거한 수준에 불과하다고 했다. 지금까지 논의한 바를 바탕으로 이 조문을 보완하자면, 탄소중립도시는 탄소중립 관련 계획과 기술 등을 적극적으로 활용해 탄소중립을 공간적으로 구현하는 도시(‘온실가스 감축’ 시책 기반)라고 할 수 있고, 흡수원에 해당하는 녹지의 조성과 확충 등 환경과 생태를 위한 사업을 공간적으로 실행하는 도시(‘기후위기 적응’ 시책 기반)라고 정의해야 할 것이다. 여기서 더 나아가 〈그림 4-1〉을 통해 본 바와 같이, 탄소감축 시책의 분야는 국가와 지자체에 엄격하게 분리되어 적용되는 게 아니라, 상위 주체는 시책별 감축 목표를 설정하고, 하위 주체는 이행 방안을 모색하는 관계로 상호 긴밀하게 연계되어야 한다는 것이다. 이런 점을 고려할 때 유의해야 할 점은, 단순하게 법조문으로 탄소중립도시를 정의하는 것으로는 국가의 탄소중립 목표의 달성을 위한 필요조건은 될 수 있지만, 충분조건은 될 수는 없다는 사실이다.

이제 이 절을 마치며 지금까지 논의한 바를 요약하면, 1절에서 탄소중립도시는 도시 인구 1인당 연간 탄소배출량을 저감하고 도시공간에서 생태적으로 흡수함에 따른 1인당 연간 탄소흡수량을 증대함으로써 국가의 탄소중립 목표의 달성에 기여하는 도시라고 실질적으로 정의했는데, 이 절에서는 이 정의를 법·제도의 기반을 통해 구체적으로 정의했다고 할 수 있다. 이와 같은 탄소중립도시의 법·제도적 정의를 바탕으로 다음 절에서는 도시계획과 도시개발을 수단으로 기존의 도시를 탄소중립도시로 전환하고, 이를 통해 지자체뿐 아니라 국가의 탄소중립사회 전환을 실현하기 위한 '실체적 정의'에 대하여 논의하도록 한다.

실체적 정의

기후위기의 심화와 2050 탄소중립선언으로 인해 탄소배출에 대한 사회적 경각심이 고조되면서, 최근 들어 탄소중립도시는 공공뿐 아니라 민간에서도 자주 언급되고 있다. 그러나 앞선 두 절에서 살펴본 내용에 따르면, 현재 사용 중인 많은 탄소중립도시 관련 용어의 정의는 다소 과장되었거나 실체가 불분명한 경향이 있다. 탄소중립도시는 탄소배출량과 흡수량이 같아야 하는 분명한 목표를 지향해야 함에도 불구하고, 새로운 도시발전 또는 도시개발의 패러다임으로서 스마트 성장, 뉴어바니즘, 압축도시, 지속가능한 도시, 생태 도시 등 기존 패러다임과 연계해 탄소중립도시의 용어를 정의한 경우가 많다(김정곤 · 최정은, 2011; 박재홍, 2008; 송재민 외, 2022; 신서경 외, 2023; 정승현 외; 2023). 열거한 문헌이 모두 국내에서 발간된 것이지만 대부분 국외의 문헌을 많이 인용하고 있으므로 국내외의 경향이라고 간주해도 무방할 것이다. 열거한 문헌에서는 공통적으로 지자체가 바람직한 도시발전을 모색할 때 기존의 패러다임을 통해 고려해야 하는 많은 요소와 더불어 탄소중립도 하나의 계획 요소로 자리 잡아야 함을 강조하고 있다. 그러나 기존 패러다임은 정성적이고 모호한 목표를 추구하고 있는 반면에, 탄소중립도시는 정량적이며 명료한 목표를 지향한다는 점에서 큰 차이를 보인다. 게다가 탄소중립도시를 지향하는 도시발전은 기존 패러다임에서 추구하는 것과 동시적으로 추구하기는 힘들다고 여겨진다. 전자는 구체적인 하나의 수치로 나타낼 수 있는 목표를 요구하는 반면에, 후자는 여러 수치적 목표가 복합적으로 결합되어 있을 뿐 아니라 수치로 나타낼 수 없는 정성적 목표가 함께 포함되어 있기 때문이다. 그러므로 실무적으로 탄소중립도시를 구현해야 하는 지자체는 해당 행정 구역에 대해 물리적 계획과 개발의 수단인 도시계획과 도시개발을 기본적으로 활용하되, 정부의 범부처적 과제와 관련된 온실가스 인벤토리별 탄소감축을 위한 산업, 과학·기술, 행·재정 수단(이 책의 3장 참조)을 모두 동원해 탄소중립 목표를 달성하기 위한 노력을 경주해야 할 것이다. 그러나 이때 무엇보다 중요한 일은, 지자체가 모든 배출·흡수의 원인을 대상으로 삼는 것이 아니라 실체적 원인을 정하여 그에 대한 현재 탄소량을 산정하는 것이고, 이를 감축하기 위해 적용할 시책으로 인하여 나타날 탄소량을 계산하는 것이다. 따라서 이 절의 나머지 부분에서는 지자체가 탄소감축 정책을 효과적으로 추진할 수 있도록 대상의 실체를 규명하고, 그에 대한 탄소량을 구체적으로 산정하는 방법에 대해서 알아보도록 한다.

도시 단위로 탄소배출·흡수량을 산정하려면 무엇보다 도시 차원, 즉 지자체에 해당하는 온실가스 인벤토리를 산정의 대상으로 정해야 한다. 국가와 달리, 지자체는 전환, 산업, 건물, 수송, 농축수산(농어촌 성격의 도시가 아니면 제외할 수 있다), 폐기물, 흡수원 등의 온실가스 인벤토리 부문에만 국한하여 탄소배출·흡수량을 산정한다

(이 책의 3장 〈표 3-2〉 참조). 지자체의 온실가스 인벤토리 부문에서 발생한 탄소배출·흡수량을 합산하면 해당 지자체의 총탄소배출·흡수량이 되어 도시 인구 1인당 연간 탄소순배출량을 계산할 수 있다. 이때 도시의 규모와 성격에 따라 온실가스 인벤토리별로 배출량의 편차가 다르게 나타나는데, 서울과 같은 대도시에서는 산업과 전력 생산에서 탄소배출 비율이 매우 낮은 반면에, 울산과 같은 공업도시에서는 산업에서, 화력 발전소가 많이 소재한 충청도의 도시에서는 전환에서 높은 탄소배출 비율을 보이고 있기 때문이다. 산업과 전환에서의 탄소배출량은 간접배출이므로 이들 부문과 관련이 없는 도시에도 자원과 전기의 소비량을 기준으로 배분하여 직접배출에 추가하면, 도시 인구 1인당 연간 탄소배출량을 계산할 수 있다(이 책의 1장 〈표 1-1〉 참조). 그러나 산업과 전환의 모든 과정에서 실제로 발생하는 탄소배출(장거리 송전에 따른 전력 손실, 발전소와 송전탑 건설 과정에서 탄소배출, 산업과 전력 생산 과정에서 물자 수송으로 인한 탄소배출 등을 예로 들 수 있다)을 엄격하게 고려해 배출량을 산정할 수는 없으므로 과소 배분되기 마련이다. 따라서 도시 단위에서는 간접배출 또는 Scope 3(이 책의 1장 참조)에 해당하는 전환, 산업, 폐기물 등의 부문은 국가 차원(폐기물의 경우는 도 차

원이 적절하다고 본다)에서 산정하여 지자체에 배분하고, 건물, 수송, 흡수원 등에서의 직접배출 부문에 대해서만 지자체가 탄소배출·흡수량을 직접 산정하는 것이 적절할 것이다. 결국 도시 인구 1인당 연간 탄소배출·흡수량은 국가와 도에서 배분한 것과 도시 단위로 산정한 것을 합산하고 이를 도시 인구수로 나누어 산정할 수 있다.

그러면 이제부터는 지자체에서 직접 산정해야 하는 건물과 수송 부문에서의 탄소배출량에 대하여 자세히 살펴보도록 한다. 먼저 건물 부문을 보면, 건물에서 발생하는 탄소배출은 개인(앞에서 자연인과 법인을 합친 용어인 '인구'를 이제부터는 '개인'과 병행하여 사용하도록 한다)의 에너지 소비 방식에 따라 동일한 사용 목적에서도 큰 차이가 난다. 건물에서 소비되는 에너지는 외부로부터 공급받는 경우(전기, 도시가스, 지역난방, 상수도 등)와 구매 후 저장하여 사용하는 경우(난방 연료, 프로판가스 등)로 구분할 수 있는데, 전자는 간접배출에, 후자는 직접배출에 해당한다. 탄소배출량은 간접배출과 직접배출로 구분해야 하지만, 여기서는 단순화를 위해 총배출량에만 초점을 맞추도록 한다. 이 중 지자체가 책임질 부분은 난방, 냉방, 조명 등 도시계획과 도시개발에 따른 조건, 즉 건물의 용도, 실내 면적, 준공 연도 등에 따른 탄소배출량이고, 나머지 부분은 개인의 경제·사회·문화적 특성에 따라 발생하는, 그래서 개인의 책임으로 귀속해야 하는 탄소배출량으로 정의할 수 있다.

수송 부문에도 건물 부문에 적용한 원칙을 그대로 도입할 수 있다. 수송 부문에서 발생하는 탄소배출량은 교통수단별 총통행 거리를 집계해 산정해야 한다. 그러나 교통수단별로, 내연 기관 자동차의 경우 총통행 거리에 따른 연료 소비량(직접배출)으로, 전기를 이용하는 철도와 전기자동차의 경우 이에 따른 전기 소비량(간접배출)으로 각각 탄소배출량을 계산해 합산해야 한다. 그리고 여기서도 단순화를 목적으로 직접배출과 간접배출을 구분하지 않고 총량에만 초점을 맞추기로 한다. 다만, 수송 부문의 탄소배출 총량에 대해 지자체가 책임질 부분은 도시계획과 도시개발에 따른 조건, 즉 도시 인구의 교통수단과 활동 입지 선택에 따른 탄소배출량으로 한정하고, 나머지 부분은 개인의 경제·사회·문화적 특성에 따라 발생하는 그래서 개인의 책임으로 귀속해야 할 탄소배출량으로 정의할 수 있다.

이처럼 건물과 수송 부문에서 발생하는 탄소배출량을 지자체 단위(또는 공간 단위)와 개인 단위(또는 비공간 단위)로 구분하여 산정하게 되면, 도시 인구 1인당 연간 탄소배출량도 공간 단위와 비공간 단위로 구분할 수 있고, 공간 단위의 배출량은 지자체의 책임으로, 비공간 단위의 배출량은 개인의 책임으로 귀속할 수 있을 것이다. 그러나 이 과정에서 간과하지 말아야 할 일이 있다. 지자체가 직접배출과 구분하여 산정한 건물과 수송 부문의 간접배출의 탄소량은 국가가 배분한 간접배출량보다 적을 수밖에 없으므로, 이를 보정하는 정산의 과정이 반드시 수행되어야 한다는 점이다. 이는 탄소회계와 관련된 실무적 사안이므로, 이와 관련해서는 이 책의 5장과 6장에서 추가적으로 논의하도록 하겠다.

이제는 도시 단위의 탄소흡수량의 산정에 대해 살펴보도록 한다. 도시 단위의 탄소흡수량은 도시의 산림 및 녹지(흡수원)의 면적을 기준으로 계산할 수 있다. 도시의 녹지면적은 인구, 활동 규모, 산업도시 등 도시 특성에 따라 형성되는 고정 값으로 도시 인구 1인당 연간 탄소흡수량으로 계산할 수 있다. 그러나 흡수원은 지자체의 정책에 따라 개인(예, 건축주)이 만든 인공 구조물을 통해서도 만들어질 수 있다. 탄소흡수 용량이 큰 수종은 자연 녹지에서만 서식하지만, 건물의 옥상이나 벽면, 지하 시설물의 지상부 등에 만든 인공 녹지에서도 탄소흡수 용량이 적은 수종은 자랄 수 있기 때문이다. 따라서 도시 흡수원에 의한 도시 인구 1인당 연간 탄소흡수량은 녹지면적과 함께 거기서 서식하는 수종을 고려하여 산정할 수 있다. 결국 도시 인구 1인당 연간 탄소배출량과 마찬가지로 도시 인구 1인당 연간 탄소흡수량도 자연 녹지와 인공 녹지로 구분하여 산정한다면, 탄소흡수량 증가의 책임을 지자체와 개인으로 구분하여 귀속할 수 있을 것이다.

지금까지 도시 단위의 탄소배출 · 흡수량을 지자체 단위와 개인 단위로 구분하여 산정하는 방법에 대하여 살펴보았다. 이 절을 마무리하며 그 이유를 해명하는 의미로서, 이제부터는 이를 통해 지자체가 탄소중립도시의 정책을 실체적으로 추진할 수 있도록 하는 방안에 대하여 논의하고자 한다. 그 전에 우리가 먼저 짚고 넘어가야 할 것이 있다. 그건 바로 지자체가 도시에서 수행하는 역할 중 가장 중요한 것은, 개인이 도시공간에서 수행하는 수많은 활동이 원활하게 이루어지도록 하는 데 목표를 두고, 건물에 대하여 용도, 규모, 배치, 주변 환경 등을 계획하여 관리하고, 수송에 대해서는 교통수단별 관련된 시설의 설치를 결정하는 일이라는 점이다(한국도시계획가협회, 2021). 이 역할을 한마디로 말하자면 도시계획과 도시개발이라고 할 수 있다. 이는 이 책의 2장 2절에서 설명했던 두 개의 탄소감축 요소, 즉 기술 요소와 활동 요소 중에서 전자와 관련성이 많다. 왜냐하면 기술 요소는 개인이 도시공간에서 수행하는 활동으로 인해 발생하는 탄소배출량의 원단위를 최소화하는 도시의 물리적 조건을 의미하고(이 책의 2장 식 2 참조), 도시계획과 도시개발은 바로 도시의 물리적 조건을 만드는 지자체의 대표적 정책 수단이기 때문이다. 지금까지 개인은 지자체가 조성한 활동의 물리적 조건에 부합하게 활동과 활동의 수행 방식을 선택하여 행함으로써 활동의 효율성과 효용성을 높일 수 있었다(이승일, 2022). 그러나 탄소중립도시가 되려면 지자체는 지금까지 추구해 온 공간 정책을 전환하여 도시 단위에서 발생하는 탄소의 1인당 연간 배출량을 줄이도록 해야 한다. 결국 지자체는 개인의 활동 패턴을 파악하여 탄소중립의 물리적 조건을 만들어야 하고, 개인이 물리적 조건에 부합하는 선택을 하도록 비물리적 조건, 즉 경제 · 사회적 조건을 정책으로 실행해야 비로소 도시의 탄소중립에 가까워지는 결과를 얻을 수 있다는 것이다. 결론적으로 말하면, 탄소중립도시에 이르기 위한 실체적 방안은 탄소배출 · 흡수량을 지자체 단위와 개인 단위로 구분해 산정하되, 둘 간의 긴밀한 상호 관계를 고려하여 탄소감축 정책을 수립 · 추진하는 것으로 정의할 수 있다.

실천적 정의

앞 절을 마무리하며, 지자체는 도시 단위의 온실가스 인벤토리에 해당하는 건물, 수송, 흡수원 등으로부터의 탄소배출·흡수량을 공간 단위와 비공간 단위로 구분해서 산정해야 탄소감축의 대상을 실체적으로 파악할 수 있다고 했다. 여기에 지자체는 실체적 대상에 대해 실천적 시책을 마련하여 적용해야 하는데, 이를 위해 대상들의 상호 작용에 따른 밀접한 연계 관계를 고려해야 한다. 그러나 실천적 시책을 마련하는 일은 실체적 대상을 파악하는 일보다 훨씬 어려운데, 그 이유는 복잡한 도시발전의 과정 안에서 대상 간의 관계가 정립되기 때문이다. 따라서 탄소중립도시를 위한 시책들을 실천적으로 규명하기 위해서는 도시 발전 과정에서 변화하는 도시 활동과 활동자 간의 관계를 총체적으로 규명하는 도시시스템의 이론에 대한 이해가 필요하다(이승일, 2022). 어느 도시에도 적용할 수 있는 보편적 이론이지만 아직도 우리에게는 익숙하지 않은 이 도시계획 이론을 알기 쉽게 설명하기 위해 〈그림 4-2〉에 도식적으로 표현했다.

〈그림 4-2〉는 도시를 평면적으로 형상화하여 다이어그램으로 나타내고 있다. 여기서 세 개의 작은 원은 건물 부

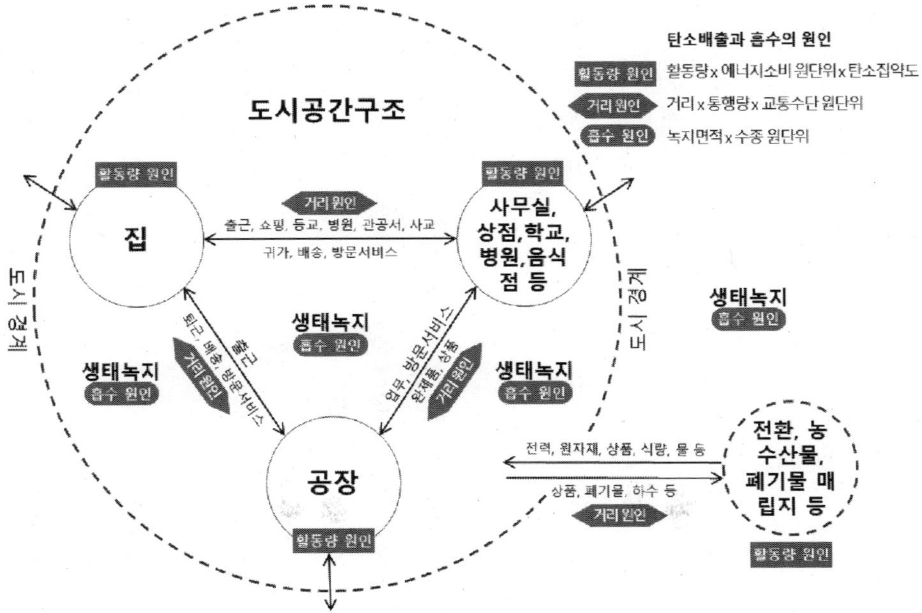

그림 4-2 도시시스템 기반 탄소중립도시의 실천적 정의

문을, 화살표는 수송 부문을, 그리고 여백은 흡수원 부문을 상징한다. 이들을 에워싼 점선의 원은 도시의 경계를 나타내고, 도시 경계 밖의 작은 점선 원은 도시 경계 안에서 공급되지 않는 전기, 농수산물, 산업, 폐기물 매립지 등 간접배출 부문을 의미한다. 즉 다이어그램의 기호들은 탄소중립도시의 실체적 대상이라고 할 수 있다. 실제 도시는 무수히 많은 원과 화살표로 구성되어 있을 텐데, 이 구성을 도시공간구조라고 부를 수 있다. 기호들은 시설로서 탄소배출과 흡수의 근원지이자 물리적 조건이 되지만, 실제 발생의 원인은 이들을 이용한 도시 인구(활동자)의 활동에서 비롯된다. 쉽게 말하자면, 활동자는 거주지인 집(출발지)으로부터 다양한 활동 목적(출근, 쇼핑, 등교, 병원, 관공서, 사교 등)의 수행을 위해 도시 경계 내외의 목적지들에 해당하는 건물(사무실, 상점, 학교, 병원, 음식점 등)로 이동하는데, 이때 목적지의 건물과 이동 과정에서 탄소가 배출된다는 것이다. 목적지 건물의 규모는 활동자의 수(활동량)를 의미하는데, 이는 '활동량 원인'(활동량×에너지소비 원단위×탄소집약도)으로 건물에서의 탄소배출량을 산정할 수 있고, 목적지로의 이동은 활동자의 집에서부터의 거리에 따라 '거리 원인'(거리×통행량×교통수단 원단위)을 결정하여 수송에서의 탄소배출량을 산정할 수 있다. 도시에서 '활동량 원인'과 '거리 원인'과 관계가 없는 곳은 '흡수 원인'(녹지면적×수종 원단위)이 되어 탄소흡수량을 산정할 수 있다.

이제는 〈그림 4-2〉의 다이어그램을 기반으로 도시를 탄소중립으로 전환하기 위한 탄소감축의 시책을 실천적으로 마련하는 것에 관하여 살펴보도록 한다. 여기서 '실천적 시책'이라고 함은 실효성을 높이는 시책을 의미한다. 이를 위해서는 도시공간구조에 내재된 '토지이용-교통 상호 작용'과 '활동자의 효용을 고려한 활동 · 이동 선택'의 이론, 즉 도시시스템의 이론에 대한 이해가 필요하다. 하지만 이에 관한 상세한 내용은 이승일(2022)의 4장에서 상세히 다루었으므로 이를 참조하기로 하고, 여기서는 실천적 시책을 마련하는 것이 필요한 이유를 설명하는 수준에서 살펴보도록 한다. 이와 관련하여 무엇보다 먼저 알고 있어야 할 중요한 점은, 우리가 일반적으로 알고 있는 건물들의 공간적 분포와 건물들을 이어 주는 교통 시설의 배치와 같은 도시의 형태적 특성으로서 도시공간구조와 도시시스템에서 말하는 것은 서로 다르다는 것이다. 도시시스템의 도시공간구조는 비단 건물의 규모와 용도의 공간적 분포와 교통수단별 교통 체계의 구성과 같은 물리적 조건뿐 아니라 활동자의 경제 · 사회적 조건의 총체적 영향에 따라 도시 차원에서 발생하는 활동 목적별 활동량과 교통수단별 교통량을 시스템 균형의 결과로 나타낸다(Wegener, 1996; 이승일, 2022). 이는 도시의 현상적 특성을 원인과 결과의 관계로 설명하는 데 유용하기도 하지만 어느 한 요인의 변화가 다른 요인들에 미치는 상호 작용의 영향을 고려해 실제로 나타날 시스템 균형 상태의 최종 결과를 예측할 수 있는 계획 수단이 될 수 있다. 이를 이해하기 쉽게 설명하면, 도시개발과 정비를 통한 활동량 원인의 변화는 지금과 다른 거리 원인을 초래하고, 도로나 철도와 같은 교통 시설의 신설과 확충에 의한 거리 원인의 변화 역시 달라진 접근성의 영향으로 활동량 원인의 변화를 만든다는 것이다. 이 결과에 따라 도시의 탄소배출량이 결정되고, 동시에 균형 상태에서 만들어진 물리적 도시공간구조에 따라 흡수 원인도 정해져서, 이를 통해 도시의 탄소흡수량을 산정할 수 있다는 것이다. 그러나 이처럼 간단해 보이는 이론과 달리, 이를 실제 도시에 적용하려면 수많은 활동량 원인, 거리 원인, 활동 선택, 이동 선택 등을 모의실험할 수 있는 도시통합모델이 필요하다(이승일, 2022). 선진국의 다수 도시에서는 효율적인 도시정책을 위해 오래전부터 도시통합모델을 개발해 실무에 활용하고 있으나, 국내에서는 지금도 공급 중심의 도시개발과 정비의 정책 환경이 주도적이라 아직 실험적인 학문 연구의 수준에 머물고 있다(이승일, 2019; 2022). 그러나 탄소중립도시로의 전환을 위한 실천적 시책을 마련하여 적용할 목적으로 조만간 우리 도시에서도 도시통합모델을 실무에서 활발하게 활용할 것으로 기대한다. 도시통합모델에 관한 상세한 내용은 이승일(2022)의 4장을 참고하기 바란다.

그러면 이제부터는 여기서 다룬 도시시스템 이론에 대한 기초적인 이해를 바탕으로 온실가스 인벤토리별로 탄소감축의 시책을 실천적으로 마련하는 방안에 대하여 논의하도록 한다. 우선 건물 부문에 대해서 살펴보도록 한다. 건물은 장소적 시설이며, 도시의 가장 기본적인 물리적 구성 요소다. 건물에서는 거주자의 주거(집)와 일상생활에서의 다양한 활동(활동 목적지)뿐 아니라 기업의 생산 활동(공장) 등이 이루어지고, 이를 위해 전기, 수도, 폐기물 등 다양한 형태의 에너지가 소비된다(〈그림 4-2〉 참조). 활동자가 건물에서 하는 활동은 경제와 관련이 크므로 활동을 억제하여 탄소배출량을 감축하는 정책은 비효율적이다. 대신 건물의 신축과 정비를 통해 시설의 에너지 효율 향상, 고효율 기기의 보급, 신재생에너지의 생산, 자원의 절약 및 재활용 등을 통해 에너지 소비의 원단위를 줄이고, 탄소집약도를 낮추는 것이 유용한 방안이다. 그러나 건물의 신축과 정비는 건축주에게 큰 비용을 부과하므로, 이를 통한 이익을 동반할 수 있어야 실현 가능해진다. 제로 에너지 건물의 건설을 통해 에너지 비용의 절감, 나아가 추가 에너지 생산에 따른 판매 수익을 기대할 수 있지만, 건설 비용이 워낙 크므로 해당 건물에서의 임대료 수익이 장기적으로 보장되어야 비로소 실행될 수 있다. 결국 도시 시스템 기반 도시공간구조를 통해 신축과 정비가 활발할 지역을 파악하여 이 지역에 선제적으로 제로 에너지 건물 정책을 시행한다면 이는 건물 부문에 대한 실천적 시책이 될 것이다.

다음으로 수송(교통) 부문은 사람(여객 교통)과 물건(화물 교통)을 원하는 곳으로 옮겨 주는 활동(서비스)이다. 발생의 규모가 훨씬 큰 여객 교통을 기준으로 삼으면, 교통은 사람이 건물에서 활동을 하기 위해 반드시 선행해야 할 활동이다. 그만큼 건물 활동과 마찬가지로 교통 활동도 경제와 밀접하게 관련된다. 따라서 교통 활동량 자체를 줄이는 대신 대체적인 교통수단을 도입하는 것이 필요하다. 전기차로의 교체는 현재 추진 중인 대표적 탄소감축 방안인데, 충전 시설의 부족과 높은 배터리 가격으로 최근 그 효과가 낮아지고 있다. 그러나 이보다 더 큰 문제는 자동차의 수요 증가와 그로 인한 초과의 전력 소비에서 찾을 수 있다. 따라서 에너지 소비의 원단위를 줄일 수 있는 대중교통의 이용을 활성화하는 것이 더 효과적일 것이다. 그러나 대중교통은 도어투도어(door-to-door)의 승용차에 비해 이용자의 효용이 훨씬 낮으므로, 이를 개선하지 않으면 이용률의 증가를 기대할 수 없다. 따라서 대중교통 노선과 시설을 확장하여 건설하거나 건물의 신축과 증축이 주로 대중교통 이용권 안에서 추진되도록 해야 할 것이다. 이와 같은 교통정책도 건물 부문과 마찬가지로 도시공간구조를 통해 가능성이 높은 지역을 파악해서 실행해야 기대한 효과를 얻을 수 있다.

산업 부문은 탄소중립을 위한 도시정책의 직접적 대상은 아니지만, 산업 시설(공장)에는 건물이 큰 비중을 차지한다. 따라서 개인의 산업 생산품의 소비에서 비롯된 탄소배출이 아니라 건물 부문에서의 활동량 원인과 수송 부문에서의 거리 원인에서 비롯된 탄소를 감축하기 위한 도시공간구조 기반의 실천적 시책이 필요하다(〈그림 4-2〉 참조). 게다가 공장이 입지하고 있는 지자체에게는 산업 활동에서 발생하는 탄소배출량도 감축 목표에 속하므로 에너지 효율화와 신기술의 도입, 연·원료의 전환, 산업 공정의 감축 등 산업 영역에서 기업의 자체적 노력을 유인하는 정책도 필요하다.

전환 부문에 있어서 탄소감축도 지자체의 직접적 정책의 대상은 아니다. 그러나 건물, 수송, 산업(공장) 등의 영역에서 전기 수요가 증가함에 따라 외부로부터 공급받아야 하는 전력량(〈그림 4-2〉 참조)이 계속 증가할 것으로 전망된다. 반면에, 지자체의 탄소중립에 대한 의무가 커지면서 다른 지자체를 위한 전력의 생산량을 우선적으로 줄여야 하므로, 지자체별로 전기 수요를 자체적으로 해결하기 위한 정책의 수립과 집행을 모색해야 한다(「분산에너지 활성화 특별법」 참조). 이를 위해 전환 부문에서도 도시공간구조를 통해 신축과 정비가 가능한 지역을 파악하여 이 지역에 선제적으로 건물 및 단지 차원에서 신재생에너지를 생산하기 위한 시설의 설치 방안을 적극적으로 모색해야 할 것이다.

흡수원 부문에서는 물리적 도시공간구조에 따라 흡수원인의 면적이 정해지면서 탄소흡수량이 결정된다. 동시에 신축과 정비가 추진되는 건물을 대상으로 인공 녹지의 면적 확보를 위한 실천적 시책도 강화되어야 한다.

이제 이 절을 마치면서 탄소중립도시의 실천적 정의에 대해 종합적으로 정리하도록 한다. 요약하여 말하면, 지자체가 탄소중립의 목표를 달성하기 위해서는 모든 탄소배출 부문에 대하여 도시공간구조, 즉 토지이용패턴과 교통 체계를 새롭게 바꾸는 시책이 필요하다. 그러나 이 일은 엄청난 비용과 시간이 필요하므로, 지자체가 쉽게 감당할 수 없다. 따라서 도시를 일시에 완전히 개조하는 것이 아니라, 장기적으로 탄소중립 목표를 지향함으로써 지속적인 변화를 이끌어 낼 수 있는 공간구조 정책이 필요하다. 이를 위해서는 도시발전 과정에서 공간구조를 변화시키는 요인들의 상호 작용을 이해하고, 이를 바탕으로 변화의 방향을 정책적으로 설정해 현재 상태에 적용함으로써, 장래에 효과적으로 탄소중립 목표를 달성할 수 있도록 해야 할 것이다. 그러나 이 일은 지자체가 지금까지 해 온 일보다 훨씬 복잡하고, 그래서 힘들 것이다(이승일, 2022). 따라서 지자체가 이를 실천하려면 도시시스템의 이론을 종합적으로 이해해야 하고, 실무적으로 도시통합모델을 활발하게 활용하는 것이 필요하다.

끝으로 이 장을 마치며, 지금까지 논의한 '탄소중립도시'로의 전환이라는 지자체의 책무를 더욱 확장하여 지자체의 '탄소중립사회'(〈그림 4-2〉 참조) 전환을 달성하기 위한 지자체의 역할에 대해서 간략히 살펴보고자 한다. 「탄소중립기본법」의 목적을 통해서도 알 수 있듯이, 탄소중립도시의 궁극적인 목표는 탄소중립사회, 즉 지속가능한 도시발전에 있으므로, 지자체는 탄소중립을 위한 물리적 조건의 조성과 비물리적 조건을 구현함에 있어서, 기후위기로 인한 책임과 이익이 사회 전체에 균형 있게 분배되도록 '기후정의'(「탄소중립기본법」 제2조 제12항)의 추구에 힘을 쏟아야 할 것이다. 〈그림 4-2〉에서 보는 것과 같이, 지자체가 탄소중립사회의 목표를 달성하려면 탄소중립도시의 목표 달성을 위해 필요한 시책인 '온실가스 감축'과 '기후위기 적응'뿐 아니라 '정의로운 전환'의 시책을 포함해야 한다. 그러나 여기서 간과하지 말아야 할 점은 정의로운 전환의 시책은 탄소중립도시의 시책들과는 별도로 적용되는 것이 아니라 서로 긴밀하게 연계되어야 한다는 것이다. 탄소중립도시의 목표를 달성하기 위한 물리적 조건과 비물리적 조건은 이를 받아들이는 개인의 경제·사회적 여건에 따라 차별적으로 영향을 미치게 되어 일부 계층에게만 견디기 힘든 결과를 초래할 수 있기 때문이다. 반대로, 특정 계층에게는 큰 혜택이 될 수도 있다. 따라서 이와 같은 불균형을 해소해야만 비로소 정의로운 전환이 이루어져 지속가능한 탄소중립사회가 될 수 있을 것이다. 불균형을 해소하기 위해서는 어느 시책을 적용할 때 어떤 계층에게 불이익이 발생하는지를 파악할 수 있어야 하는데 이를 위해 도시시스템(〈그림 4-2〉 참조) 이론의 적용이 필요하고, 실제 이를 예측하기 위해 도시통합모델이 유용하게 활용될 수 있다. 즉 탄소감축의 효과를 증진하기 위한 방법론을 활용하면 탄소중립도시의 실현 가능성을 낮추는 불균형의 장애 요인을 사전에 검토하여 해소할 수 있다는 것이다. 이를 통해 기후정의가 실현됨으로써 지속가능한 탄소중립도시로의 전환이 가능해질 것이다.

참고문헌

김정곤 · 최정은(2011). 탄소중립도시 조성을 위한 도시계획전략 연구. ≪한국도시설계학회지≫, 12(2), 41-53쪽.

박재홍(2008.10.23.). 탄소중립도시 구현을 위한 계획적 접근방안. ≪CEO Report≫, No. 25. 경기개발연구원.

송재민 · 이건원 · 김형규 · 정주철 · 안예현 · 조만석 · 문미라 · 정승현(2022.1). 탄소중립도시계획 추진 방향. ≪도시정보≫, No. 478, 대한국토 · 도시계획학회.

신서경 · 손재선 · 이다예(2023.6.5). 탄소중립 실현을 위한 도시공간정책 개선방안. ≪국토정책 Brief≫, No. 919, 국토연구원.

이승일(2019). 『스마트 도시계획』. 커뮤니케이션북스.

이승일(2022). 『탄소중립도시를 위한 역세권 개발론』. 커뮤니케이션북스.

정승현 · 김민서 · 손재선 · 김근한 · 이제승 · 김태형(2023.2). 탄소중립도시계획을 위한 탄소공간지도의 역할과 추진과제. ≪도시정보≫, No. 491, 대한국토 · 도시계획학회.

한국도시계획가협회(2021). 『도시계획 – 이론과 실제』. 기문당.

Hoornweg, D., Freire, M., Lee, M. J., Bhada-Tata, P., & Yuen, B.(2011). *Cities and climate change: Responding to an urgent agenda*. The World Bank.

UN(2018). United Nations Department of Economic and Social

Affairs. World urbanization prospects 2018.

Wegener, M.(1996). Reduction of CO_2 emissions of transport by reorganisation of urban activities, In Hayashi, Y. & Roy, J.(Eds.). *Transport, land-use and the environment.* Dordrecht, Boston, London: Kluwer, pp.103-124.

05
탄소중립도시로의 단계적 전환

단계적 전환 전략의 필요성

IPCC 6차 종합보고서에 따르면, 지구 평균 기온 상승을 1.5도 이내로 억제하기 위해 남은 탄소예산(the carbon budget)을 목표 온도와 달성 확률에 따라 3천억~2조3000억 톤(CO_2eq)의 넓은 폭으로 잡고 있다(IPCC, 2023). 다소 여유 있다고 느낄 수 있겠지만, 심각한 기후위기를 초래할 1.5도를 목표 온도로 삼고 달성 확률을 50%로 삼으면 탄소예산은 정작 5000억 톤으로 줄어들게 된다. 이를 '공통적이지만 차별화된 책임(common but differentiated responsibilities: CBDR)'의 원칙에 따라 국가별로 할당해야 하는데, 그러려면 먼저 공통적 책임, 즉 탄소예산에 대해 모든 인류가 동등한 권리를 가진다는 관점에 의해 인구의 비례를 적용해야 한다. 이 기준에 따르면, 2019년 세계 인구에서 0.67%를 차지하는 우리나라는 33억5000만 톤을 할당받게 될 텐데, 이는 한해 우리나라 배출량을 약 6억 5000만 톤으로 가정할 때, 5년 후면 모두 소진할 분량에 해당한다(박기용, 2024). 여기에 차별화된 책임의 강화된 기준을 적용하면, 세계에서 높은 우리나라의 위상(온실가스 배출량 13위, 누적 배출량 17위, OECD 회원국 중 1인당 배출량 7위)을 고려할 때, 실제 탄소예산은 크게 줄어들어 훨씬 짧은 기간 안에 소진할 수밖에 없을 것이다.

이처럼 촉박한 탄소감축의 시간을 고려할 때, 국가는 탄소감축의 목표를 조기에 달성하기 위하여 국가의 탄소감축을 실질적으로 이행하는 지자체, 즉 도시의 역할을 시급히 강화해야 한다. 그리고 이를 위해 필요한 정부의 제도 · 기술 · 재정적 지원을 아끼지 말아야 할 것이다. 그러나 이보다 더 중요한 것은 지자체가 탄소중립도시의 정의에 대한 종합적인 이해(〈표 5-1〉 참조)를 바탕으로 효과적 탄소감축 전략을 수립하는 일일 것이다.

〈표 5-1〉에서는 이 책의 4장에서 살펴본 '탄소중립도시의 정의'들을 간략하게 요약했고, 이들을 모아서 종합적인 정의로 제시했다. 탄소중립도시의 종합적 정의에 따르면, 지자체는 오랜 시간 동안 형성된 탄소도시를 짧은 시간 내에 탈탄소도시로 전환하기 위하여, 단기적으로 할 수 있는

표 5-1 탄소중립도시의 종합적 정의

종류	정의의 관점	탄소중립도시의 정의
본질적 정의	- 탄소중립의 직접적 의무(국가) - 탄소배출의 본질(인구의 활동) - 국가와 도시의 관계(상호 협력)	인구의 활동이 집중된 도시에서 인구 1인당 탄소감축을 극대화하여 궁극적으로 국가의 탄소중립 목표 달성에 기여하는 것.
법·제도적 정의	- 기본법의 목적(탄중사회) - 탄중도시(탄소감축과 기후 적응) - 시책 적용(도시공간과 시설)	탄소감축과 기후위기 적응을 위해 국가가 법·제도를 통해 마련한 시책을 도시에 공간적으로 적용하는 것.
실체적 정의	- 핵심 부문(건물/수송/흡수원) - 시책 적용 수단(도시계획·개발) - 탄중사회 책임(지자체와 개인)	도시계획과 개발을 수단으로 기존의 도시에 법·제도를 통해 마련된 시책을 정책으로 구현하여 탄소중립사회로 전환을 모색하는 것.
실천적 정의	- 시책 적용지역 선정(도시발전) - 순 효과 증진(공간구조 개선) - 적용 시기 구분(단기, 중·장기)	단기엔 도시발전에 맞춘 부문 시책, 중장기엔 공간구조 개선 후 부문 시책을 적용, 항시 최적의 수요 관리 정책 도입을 시행하는 것.
종합적 정의	- 목적(국가 탄소중립 목표 달성) - 전환 방식(단계적 전환 전략) - 공공의 전략 단계(단기, 중장기) - 개인 선택의 전환(점증적 전환)	인구 1인당 탄소감축 극대화를 위해, 공공은 단기 단계론 도시발전에 맞춘 부문 시책 적용, 중장기 단계론 공간구조 개선 후 시책 적용, 개인의 선택에선 점증적 전환을 추진하는 것.

주: '정의의 관점'에서 '기본법'은 「탄소중립기본법」, '탄중사회'는 탄소중립사회, '탄중도시'는 탄소중립도시를 의미함; 괄호 안의 주제어는 바로 앞에 있는 질문 성격의 주제어에 대한 답에 해당함.

일과, 중장기적으로 지속하여 추진해야 하는 일뿐 아니라 개인은 물리적 조건이 변화될 때마다 그에 맞추어 활동 방식을 바로 선택하도록 하는 일 등을 모두 모아서 '단계적 전환 전략'(이승일, 2024)을 체계적으로 수립하여 실행해야 한다. 여기서 중요한 점은, 각 단계에서 시행된 시책은 항상 개인의 활동 방식 선택으로까지 이어져서 점증적으로 축적되어야 비로소 지속적인 탄소감축의 결과로 나타날 수 있다는 사실이다. 이를 위해서 단계적 전환 전략은 각 전환 단계를 서로 분리하지 말고, 마치 하나의 시스템처럼 서로 연계시킨 '총체적(holistic) 접근'에 기반을 두어야 할 것이다. 이 책의 4장에서 도시시스템의 개념(〈그림 4-2〉 참조)을 기반으로 기존 탄소도시를 총체적 무탄소도시로 전환하는 일에 대해 살펴보았다. 이에 대하여 여기서는 실무적 적용을 수월하게 할 목적으로 이를 전환 단계로 구분했는데, 그러다 보면 총체적 개념을 잃기 쉽다. 이런 우려 때문에, 〈표 5-2〉를 통해 개별 단계의 관계를 체계적으로 정리하여 제시했다.

〈표 5-2〉에서 보듯, 단계적 전환은 전환 단계 Ⅰ, Ⅱ, Ⅲ 등으로 구분될 수 있고, 시기를 기준으로 삼으면 단기적 전환, 중장기적 전환, 점증적 전환 등으로 나눌 수 있다. 앞의 두 단계와는 달리 마지막의 전환 단계를 점증적

표 5-2 탄소중립도시로의 단계적 전환 전략

구분 기준	전환 단계 I	전환 단계 II	전환 단계 III
시기	단기적 전환	중장기적 전환	점증적 전환
내용	개별 시설의 적용을 통한 물리적 조건 개선	개별 시설 간 관계를 고려한 공간구조(=근본 물리적 조건) 개선	물리적 조건에 대응한 비물리적 조건의 전환 (=활동 방식 선택 전환)
방식	개별적 시책	종합적 시책	총체적 시책
도시계획·개발과의 관계	기존 도시의 현행 도시계획·개발 여건에 맞추어 개별적 시책을 적용함	기존 도시에 탄소중립 시책들을 종합적으로 고려하여 공간구조 개선이 이루어지도록 도시계획 및 개발을 시행하고, 이에 맞추어 시책을 적용함	기존 도시의 물리적 시설이 단기적, 중장기적으로 개선될 때마다(=점증적) 그에 적합한 활동 방식을 선택하도록 총체적 시책을 적용함

(incremental) 전환이라고 부른 이유는 단기든 중장기든 물리적 조건이 개선될 때마다 바로 적용하되 일회성이 아니라 점증적으로 축적하여 효과를 얻어야 하는 전환 전략이기 때문이다.

앞으로 5장의 남은 절들에서는 전환 단계 I, II, III에 대해 각각 살펴보고자 한다. 이에 앞서 다시 한번 강조해야 할 점은 총체적 접근에 따라 각 전환 단계는 서로 긴밀하게

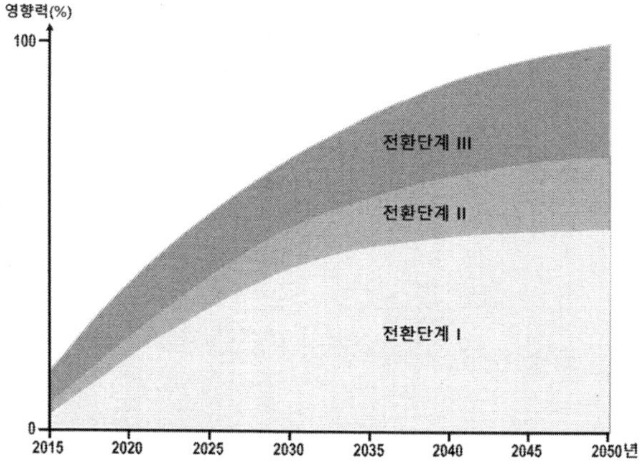

그림 5-1 탄소중립도시 전환 단계별 영향력의 시기적 변화 예시

연계되어야 한다는 것이다. 특히 전환 단계Ⅱ와 Ⅲ은 이런 연계를 기반으로 삼지 않으면 〈그림 5-1〉에서의 영향력을 기대하기 힘들 것이다. 〈그림 5-1〉은 탄소중립의 전환을 모색하는 보통 도시에서 전환 단계별 영향력이 시기적으로 변함을 예시적으로 보인다.

〈그림 5-1〉의 의미를 제대로 파악하려면 전환 단계들이 서로 긴밀하게 연계되어 있음을 이해해야 한다. 〈그림 5-1〉에서 탄소중립도시로 전환을 시작한 초기(그래프의 왼쪽)에는 기존 탄소도시의 상태에서 시행할 수 있는 개별

시설을 대상으로 삼는 시책, 즉 전환 단계 I의 시책으로부터 생기는 영향력이 대부분을 차지하고 있다. 그렇지만 시간이 지나면서 도시계획과 개발을 통해 도시 자체를 변화시켜서 탄소의 배출량을 줄이려는 전환 단계 II의 시책을 시행하게 된다. 도시 자체를 변화시키는 일은 많은 시간이 필요하므로 중장기적으로 이루어질 수밖에 없다. 그러나 이 시기에도 변화된 도시의 새로운 시설을 대상으로 삼아 단기적인 전환 단계 I의 시책도 함께 시행되기 마련이다. 이 점으로부터 전환 단계 II는 전환 단계 I과 연계되어 있다고 말할 수 있다. 〈그림 5-1〉에서 중기(그래프의 중간)로 넘어가면서 비로소 중장기적 전환에 해당하는 전환 단계 II의 영향력이 어느 정도 커지는 것을 볼 수 있다. 이 시기에도 전환 단계 I의 영향력이 여전히 가장 큰 부분을 차지하지만, 이때 전환 단계 I의 시책은 전환 단계 II의 시책이 선행되었기 때문에 비로소 시행될 수 있는 거라 전환 단계 II의 실제 영향력은 그래프에서 보는 것보다 훨씬 크다고 해야 할 것이다. 바로 이 점 때문에 두 전환 단계가 서로 긴밀하게 연계되어 있음을 또다시 확인할 수 있다.

전환 단계 III의 시책으로부터 얻게 되는 탄소배출 저감의 영향력은 활동자의 활동 선택에서 비롯하므로 각 시기마다 물리적 조건과 관련된 단계들의 시책과 연계하여 나타날 수밖에 없다. 우선 단기적 전환에서는, 전환 단계 Ⅰ의 시책을 통해 만들어진 물리적 조건을 활동자가 얼마나 많이 선택했느냐에 따라 영향력이 결정된다. 중기적으로는 전환 단계 Ⅱ의 시행 후 뒤이어 시행된 전환 단계 Ⅰ의 시책을 통해 만들어진 물리적 조건을 활동자가 얼마나 많이 선택하여 활동했는지에 따라 영향력이 정해진다. 이와 같이 전환 단계 Ⅲ의 시책도 앞선 전환 단계의 시책들과 긴밀하게 연계되어 있음을 알 수 있다.

지금까지는 전환 단계별 시책의 시기적 시행에 따라 당연히 만들어질 것으로 여겨지는 가상적인 탄소감축의 결과를 바탕으로 〈그림 5-1〉의 의미를 설명했다. 그러나 실무적으로 이와 같은 최상의 결과를 얻어 내고자 하면 그에 합당한 정책을 마련해야 한다. 다시 말하자면, 전환 단계 Ⅰ의 시책을 시행할 때부터 이미 전환 단계 Ⅱ 나아가 전환 단계 Ⅲ의 시책을 시행함에 따른 탄소감축의 효과를 미리 산정하고, 그 효과가 가장 큰 시책을 선정한 정책을 수립해야 한다는 것이다. 바로 이런 실무적 정책 이행 과정을 위해 모든 전환 단계를 대상으로 서로 연계시킨 총체적인 접근의 개념이 필요한 것이다. 이에 대해서는 다음 절부터 각 전환 단계를 차례로 살펴볼 때 해당 전환 단계에 맞추어 구체적으로 설명하도록 하겠다.

1절을 마치기 전에 잊지 말고 반드시 짚고 넘어가야 할 것이 있는데 바로 산정(measurement)-보고(reporting)-검증(verification)의 과정이다. 이 과정은 각 영문 용어의 첫 자를 모아서 일반적으로 MRV로 부르고 있는데, 이는 실무적 정책 이행 과정에서 매우 중요한 역할을 하고 있다(환경부 · 국토교통부, 2024). 우선 산정의 과정은 탄소감축의 효과가 가장 큰 정책을 선정하기 위해 대안별 감축 목표량을 추정하는 과정을 말한다. 보고의 과정은 시책의 시행 이후 실제로 나타나는 감축량을 모니터링하여 이행현황을 살펴볼 수 있게 하는 과정을 의미하는데, 기본법(제9조)은 이를 매년 시행하도록 정하고 있다. 마지막으로 검증의 과정은 산정의 과정에서 예측한 감축 목표량이 이행 후 감축량과 일치하는 정도를 파악하는 과정을 말한다. 이를 통해 감축 로드맵을 수정해야 할 뿐 아니라 산정식의 원단위 계수를 보정해야 한다. 지자체는 지역(탄소중립)기본계획의 수립을 통해 도시발전을 고려한 장기 로드맵을 구축하고, 도시계획과 개발 사업에 따른 시기별 전환 단계의 시책을 시행함으로써 탄소중립 목표를 달성할 수 있어야 한다. 그러나 이 과정에 MRV 체계가 없다면 장기적으로 이루어 내야 할 목표의 달성을 장담할 수 없게 되어, 결국 탄소중립도시로의 전환 가능성은 낮아질 수밖에 없다.

지자체의 MRV 체계는 이 책의 서론에서 말한 국가의 탄소회계시스템에 대응하는 지자체의 탄소회계시스템이라고 할 수 있다. 따라서 지자체의 MRV 체계가 국가-도시 그리고 도시-도시 간의 탄소순배출량의 변화를 총체적으로 파악하여 관리하는 탄소회계시스템이 될 수 있도록 국가의 지원이 필요하다.

개별적 전환 단계(전환 단계 Ⅰ)

전환 단계 Ⅰ의 시책은 도시의 개별 시설을 대상으로 삼고, 거기서 발생하게 될 탄소감축의 직접적 효과를 기대하며 시행하는 특성을 지니고 있다. 다른 부문의 시책에 미치는 영향을 특별히 고려할 필요가 없으므로, 전환 단계 Ⅰ은 '개별적(individual) 전환 단계'라고도 부를 수 있다. 이 전환 단계에 해당하는 시책들은 전환 단계 Ⅱ나 Ⅲ의 시책보다 먼저 그리고 대상에 직접적으로 시행하므로, 이 시책을 통한 탄소감축의 효과는 가장 빠르고, 크게 나타난다(〈그림 5-1〉 참조).

전환 단계 Ⅰ에 속하는 시책을 통해 얻는 탄소감축 효과의 실현성이 매우 높은 것은 사실이지만, 막상 지자체가 사용할 수 있는 시책은 매우 제한적이다. 이 때문에 특히 일선 탄소중립도시 담당자는 지자체가 정작 할 수 있는 게 많지 않다는 생각을 가지게 된다. 그래서 실제로 이와 같을지를 확인하기 위한 관련 법 · 제도의 검토 절차가 필요하다.

우선 국가기본계획에서 감축 목표를 제시한 온실가스 인벤토리를 보면, 배출에 해당하는 부문으로 전환, 수송, 건물, 산업, 농축수산, 폐기물, 수소, 탈루 등 8개가 있고, 흡수 및 제거에 속한 부문으로 흡수원, CCUS, 국제 감축 등 3개가 있어서 총 11개에 이른다(이 책 1장 〈표 1-1〉 참조). 반면, 지자체 관리 권한(환경부, 2023)에 속한 온실가스 인벤토리로서 직접배출에 속한 부문은 수송, 건물, 농업, 폐기물, LULUCF 등 5개, 간접배출에 속한 부문은 전력, 열, 폐기물 등 3개가 있어서 총 8개로 3개가 적다(1장 〈표 1-1〉 참조). 여기서 간접배출에 속한 전력, 열, 폐기물 등의 부문은 직접배출의 건물, 수송, 폐기물과 배출원이 같으므로 저감 시책을 마련하는 대상이 중복된다. 나아가 대부분 도시에서 농업 부문이 차지하는 배출량의 비중은 매우 작다. 결국 전환 단계 I 의 시책을 마련해야 할 부문은 수송, 건물, 폐기물, 흡수원 등 4개에 불과하게 된다. 이를 통해 일선 공무원의 생각이 틀리지 않음을 알 수 있다. 그러나 온실가스 종합정보센터(이 책의 3장 3절 참조)에서 공개하는 온실가스 통계의 인벤토리 부문별 연계표(〈표 5-3〉 참조)를 보면, 지자체 관리 권한에 속한 온실가스 인벤토리 부문에 대한 시책은 이보다 훨씬 다양해야 함을 알 수 있다.

〈표 5-3〉을 보면서 '온실가스 인벤토리 부문 연계표' 항목을 이해하려면 국가에서 온실가스 배출량을 집계하는 방식을 먼저 알 필요가 있다. 탄소의 배출은 화석연료(석유, 석탄, 가스 등)의 소비에서 비롯하므로, 국가는 화석연료의 소비량을 지자체 및 관련 기관으로부터 부문 및 하위 범주 등 상세히 구분된 단위로 빠짐없이 파악해야 한다. 파악된 소비량을 모두 집계하면 국가의 총소비량과 같아야 할 것이다. 이런 원칙에 따라, 국가는 지자체의 관리 권한에 있는 배출량을 파악하기 위해, 우선 직접배출로서 건물(하위 범주로 상업/공공과 가정으로 구분)과 수송(지자체의 경우 도로 수송에 국한) 부문에서 소비되는 것을 구분하고, 조직 경계 밖에서 생산된 전력과 열도 마찬가지로 건물과 수송 부문에서 간접배출의 경로로 소비되는 것을 구분하고 있다. 이처럼 동일한 배출원에 대하여, 다양한 경로를 통해 배출되는 온실가스 배출량을 구분해서 빠짐없이 파악할 수 있도록, 기본법 제36조에 따라 환경부에

표 5-3 지자체 관리 권한 인벤토리 부문별 연계표(예시)

구분	부문		온실가스 인벤토리 부문 연계표
직접 배출량	건물	가정	에너지 - A.연료 연소 - 4.기타 - b.가정
		상업/공공	에너지 - A.연료 연소 - 4.기타 - a.상업/공공*
	수송		에너지 - A.연료 연소 - 3.수송 - b.도로 수송
	흡수원		LULUCF 전체
	폐기물		폐기물 전체
간접 배출량	전력		전력 - A.연료 연소 - 3.수송 - b.도로 수송 전력 - A.연료 연소 - 4.기타 - a.상업/공공 전력 - A.연료 연소 - 4.기타 - b.가정
	열		열 - A.연료 연소 - 3.수송 - b.도로 수송 열 - A.연료 연소 - 4.기타 - a.상업/공공 열 - A.연료 연소 - 4.기타 - b.가정
	폐기물		폐기물 전체

출처: 환경부, 2023, 12쪽.
주(*): "에너지-A연료 연소-4a_상업/공공"은 지자체 온실가스 인벤토리에서 건물 부문 중 상업/공공 항목의 배출량 데이터 위치를 나타냄; 모든 부문에서 데이터 위치 표기 방식은 같음.

설치된 온실가스 종합정보센터는 하나의 집계표 양식을 마련했는데, 이것이 바로 온실가스 인벤토리 부문 연계표다. 중앙 행정 기관뿐 아니라 지자체는 이 통일된 양식에 따라 탄소의 배출량을 파악해야 한다. 지자체의 관리 권한에 속한 부문에서 발생하는 탄소배출을 줄이기 위한 지자체의 시책은 바로 이 연계표에 따라 마련되어야 하므로, 세부적으로는 다양해질 수밖에 없다는 것이다. 이와 같이 부문 차원에서는 단순해 보이지만 세부적으로는 다양한 시책들을 다음과 같이 부문별로 모아서 차례로 살펴보도록 한다.

우선 건물 부문의 시책은 기본법 제31조에 따라 에너지 이용 효율과 신·재생에너지의 사용 비율이 높고, 온실가스 배출을 최소화하는 건축물, 즉 녹색건축물을 확대하는 방향으로 시행되어야 한다. 그러나 하위 범주 구분을 포함해, 건축물의 특성, 즉 용도와 규모, 구조, 준공연도, 자연적·지리적 입지 조건, 거주자 및 방문자 규모와 성격 등을 고려하면, 제로 에너지 건물과 그린리모델링 사업을 위해 선택해야 하는 공법 및 기술은 다양해지게 된다. 이때 무엇보다 중요한 선택 기준은 탄소감축의 효과이지만, 동시에 실현 가능성과 비용 등도 신중하게 고려되어야 한다. 조직 경계 안의 건물에 대하여 시책이 적용될 건물 수와 각기 시행할 시책이 선정되면, 그에 따라 바로 감축 목표량을 산정할 수 있으므로, 이 부문의 탄소감축 시책은 실현 가능성이 크고, 효과도 직접적이라고 할 수 있다.

수송 부문의 시책은 기본법 제32조에 따라 효율적 에너지 사용을 촉진하고 온실가스 배출을 최소화하는 교통 체계로서 녹색교통 활성화의 기본 방향에 따라 시행되어야 한다. 이를 위하여 국가는 자동차 제작자로 하여금 평균 에너지 소비 효율이 높은 자동차를 제작하도록 하고, 전기 자동차, 태양광자동차, 수소 전기자동차 등 환경 친화적 자동차의 개발과 보급을 촉진해야 한다. 나아가 국가는 철도가 국가 기간 교통망의 근간이 되도록 철도에 대한 투자를 지속적으로 확대하고, 버스 · 지하철 · 경전철 등 대중교통 수단을 확대해야 한다. 이처럼 수송 부문의 시책은 대부분 국가에 의해서 시행된다. 물론 지자체도 전기자동차 충전소를 확충하고, 특히 버스 노선의 확대를 통해 대중교통의 이용률을 높일 수 있지만, 건물 부문에서처럼 수송 부문의 시책은 직접적 효과를 구분해 내기 힘들고, 그에 따라 감축 목표량을 산정하기도 쉽지 않다. 다음 절에서 더 논의하겠지만 수송 부문의 시책은 오히려 전환 단계Ⅱ에서 기대해야 할 것이다. 그러나 지자체는 자전거, 개인형 이동 장치(personal mobility: PM), 보행 등 무탄소 교통수단의 이용 여건 개선을 통해 이용률을 높일 수 있는데, 그만큼 조직 경계 안에서 승용차와 택시 등의 자동차 이용률이 낮아질 것을 기대하며 탄소감축의 효과를 산정할 수 있다. 그럼에도 불구하고 교통의 총체적 특성(이승일, 2022)을 고려한다면, 수송 부문의 시책으로 인한 탄소감축의 효과는 전환 단계별로 구분하는 것보다는 전환 단계 Ⅰ뿐 아니라 전환 단계Ⅱ나 Ⅲ의 시책들을 포함하여 총체적으로 산정하고 실제 배출량을 통한 검증이 이루어져야 할 것이다. 이에 대해서는 남은 절의 수송 부문에서 더 살펴보도록 한다.

흡수원 부문의 시책은 기본법 제33조에 따라 탄소흡수원을 조성·확충하거나 온실가스 흡수 능력을 개선하는 것을 기본 방향으로 삼아 시행되어야 한다. 보편적으로 자연 상태의 토지를 찾기 힘든 도시공간에서 녹지를 추가로 확보하여 탄소흡수원을 확충하는 것은 사실상 힘들다. 기존의 도시 녹지, 즉 공원, 오픈 스페이스 등에 있는 기존 수목을 탄소흡수 능력이 양호한 수종으로 교체하거나, 도시 구조물의 지붕과 벽면을 식물이 서식할 수 있는 환경으로 변경한 후 인공 녹지를 조성하는 방안 등이 전환 단계 Ⅰ의 시책으로 시행될 수 있다. 만약 유휴 부지를 자연 녹지로 조성하게 되면, 녹지 네트워크 연계를 통한 생태 기능의 개선이 이루어지도록 녹지 계획을 수립하여 시행해야 할 것이다. 최근 지자체마다 보행자의 기후위기 적응을 돕기 위해 가로수의 식재에 노력을 기울이고 있는데, 가로수의 수종 선택 시 대기 오염뿐 아니라 탄소흡수 능력도 선택의 기준으로 삼아야 할 것이다. 흡수원 부문의 시책 시행에 따른 탄소흡수의 효과는 늘어난 흡수원의 면적으로 결정되지만, 녹지의 성격(자연 또는 인공)과 수종에 따라 검증을 거친 계수를 적용하여 보정을 해야 한다. 이 부문의 시책도 건물 부문의 시책처럼 실현 가능성이 크고, 효과도 직접적이다.

끝으로 폐기물 부문의 시책은 기본법 제64조에 명시된 '순환경제', 즉 제품의 지속가능성을 높이고 버려지는 자원의 순환망을 구축해 투입되는 자원과 에너지를 최소화함으로써, 생태계의 보전과 온실가스 감축을 동시에 구현하기 위한 친환경 경제 체계를 활성화하려는 기본 방향을 따라야 한다. 일반적으로 도시에서 발생하는 폐기물은 생활쓰레기, 음식물 쓰레기, 하수 등을 말하는데, 순환경제의 개념은 관련 시설 또는 장비의 설치를 통해 적용될 수 있고, 그 효과는 설치된 시설의 용량으로 나타난다. 전환 단계 I 의 폐기물 부문 시책은 이와 같이 개별적으로 시행되고, 그 효과도 직접적이다.

이 밖에도 지자체의 관리 권한에 속하지 않는 부문, 즉 전환과 산업 부문에 대해서도 지자체별 여건 또는 정책적 판단에 따라 지역 기본계획의 감축 목표 범위에 포함할 수 있도록 했으므로(환경부, 2023), 지자체는 이 부문의 시책을 마련할 수 있다. 이 경우 지자체는 조직 경계 안에 있으면서 지자체의 영향이 크게 미칠 수 있는 시책을 기업과 협력하여 발굴하여 시행해야 한다. 그러나 시책의 종류와 범위는 지자체마다 다르기 때문에 전략 단계별로 구분하기는 힘들 수밖에 없다.

이 절을 마무리하며 전환 단계 I 의 특성, 즉 시책 간에 있을 수 있는 상호 영향을 고려하지 않고 각 부문의 시책을 바로 시행할 수 있다는 점에 대해 실무적 관점에서 보면 보충적 설명이 필요하다. 즉 모든 부문의 시책은 대상 도시의 주어진 여건을 고려하여 시행해야 효과를 극대화할 수 있다. 따라서 부문별로 시책을 선정하여 시행하기 전에 도시의 여건과 발전 방향을 파악하는 과정은 반드시 이루어져야 한다. 그 결과, 적용 가능한 시책의 후보들을 정하고, 감축 효과뿐 아니라 시행 비용 나아가 도시발전에의 기여도 등을 종합적으로 고려해 최종 시책을 선정해야 한다. 이 과정은 도시마다 차이가 있으므로 다음 장에서 도시 유형별로 구분하여 차별적으로 살펴보도록 한다.

이 절을 마치기 전에 반드시 짚고 넘어가야 할 중요한 실무적 사안 한 가지를 더 추가하고자 한다. 이 책의 2장에서 설명한 바와 같이 탄소감축의 요소는 기술 요소와 활동 요소로 구분할 수 있는데, 전환 단계 I 과 II 의 시책은 기술 요소, 즉 물리적 조건과 밀접하게 관련되고, 전환 단계 III

의 시책은 활동 요소를 대상으로 삼는다. 건물, 수송, 흡수원, 폐기물 등 전환 단계 I의 부문에 속하는 시책은 물리적 조건을 대상으로 삼아 시행되는데, 이는 다시 구조물(infrastructure)과 설비(equipment)로 나뉜다. 특히 설비는 소위 '녹색기술'의 적용을 통해 미래에 혁신적인 탄소감축의 효과를 가져다줄 시책 요소로 여겨진다. 그러나 녹색기술 설비가 설치되려면 그 사양에 맞는 구조물이 필요한데, 신기술의 사양은 개발 후 많은 시간이 경과한 뒤에야 알 수 있다. 구조물의 건설 시 미래 녹색기술의 사양을 반영하지 못하면, 향후 재개발 또는 재건축 등을 통한 구조물의 변경이 불가피하다. 따라서 아직 녹색기술의 사양을 알 수 없는 시점에 구조물을 건설하는 경우라도 장래 녹색기술의 설치가 가능하도록 대처하는 방안이 필요하다. 이와 같은 현명한 대처를 이 책에서는 '진화적 접근(evolutionary approach)'이라고 하고, "아직 새로운 기술의 실체를 모르는 상태에서 기술 발전의 추세를 통해 그 사양을 구조물에 반영하는 방식"이라고 정의하고자 한다. 진화적 접근을 위해서는 이를 시행하는 주체가 예측력과 창의성을 적극적으로 발휘해야 하고, 국가는 이들에 대한 지원을 제도적으로 마련해야 할 것이다.

종합적 전환 단계(전환 단계 II)

앞서 1절에서 지자체는 오랜 시간 동안 형성된 탄소도시를 짧은 시간 내에 탈탄소도시로 전환하기 위해, 단기적으로 할 수 있는 일과, 중장기적으로 지속하여 추진해야 하는 일로 구분하여야 한다고 했다. 여기서 전환 단계 II의 시책은 바로 지자체가 중장기적으로 해야 할 일에 해당한다. 전환 단계 II의 시책을 시행하는 데 긴 시간이 필요한 이유는 바로 도시계획과 개발을 통해 도시의 물리적 조건을 근본적으로 변화시켜야 하기 때문이다. 그리고 그 대상은 바로 도시공간구조다(〈그림 4-2〉 참조). 이미 여러 차례 살펴보았지만, 도시공간구조의 개선이 탄소중립도시로의 전환을 위해 중요한 이유를 이해하려면 탄소도시의 역사적 고찰이 필요하다.

탄소도시의 유래는 약 250년 전 유럽에서 일어난 산업혁명이 만든 산업도시에서 찾을 수 있다. 산업도시는 소위 '인류의 위대한 발명품'으로 여겨지며 전 세계로 확산한 끝에 오늘날 현대 도시로 자리 잡게 되었다(이승일, 2022). 많은 이유 중 여기서 초점을 맞추고자 하는 것은 산업도시가 경제 활동을 하는 데 유리한 공간구조를 갖추고 있다는 점이다. 즉 산업도시는 자동차 교통의 발달에 힘입어 효율적인 공간 활용이 가능한 물리적 조건을 갖추고 있다는 것이다. 이를 통해, 자동차로 인해 많은 탄소를 배출하는 현대 도시에서 공간구조와 경제는 서로 긴밀하게 동조화(coupling)되어 있음을 알 수 있다(Tapio, 2005). 동조화된 두 대상을 두고, 도시의 탄소배출량을 줄이려면, 경제를 둔화시키거나 공간구조를 바꾸어야 하는데, 당연히 후자를 선택할 수밖에 없다. 이는 경제 활동으로 인하여 탄소가 배출되지 않도록 탈동조화(decoupling)(Tapio, 2005; OECD, 2006; 이월통 · 이승일, 2024)된 공간구조로 전환하는 것을 의미한다. 그러므로 전환 단계Ⅱ의 시책은 공간구조의 탈탄소적 전환을 목표로 삼아 시행되어야 할 것이다(〈표 5-2〉 참조).

이제부터는 공간구조의 전환과 관련하여 기반으로 삼아야 할 제도적 수단을 살펴보도록 한다. 지자체는 지금까지 그래 왔듯이 앞으로도 도시를 체계적으로 관리해야 할 의무를 지니고 있는데, 이를 위한 제도적 수단은 도시계획, 즉 도시기본계획과 도시관리계획, 그리고 도시의 개발과 재개발 및 재생 등이 대표적이다. 이 중에서 공간구조와 직접 관련된 계획 수단은 장기적으로 도시가 공간적으로 발전하여야 할 구조적 틀을 제시하는 도시기본계획이라고 할 수 있다. 다른 계획 및 사업은 도시기본계획에서 정한 장기적 목표를 달성하기 위한 하위 계획 또는 실행 수단에 해당한다.

우리나라 도시계획의 수립과 집행 등에 필요한 사항을 정하고 있는 「국토계획법」에 따르면, 기존 도시공간구조는 도시기본계획(「국토계획법」 제19조)의 수립에 의하여 중장기적으로 전환될 수 있다. 「도시 · 군기본계획수립지침」(이하 지침)은 「국토계획법」(제19조 제3항)과 동법 시행령(제16조)에 따른 도시기본계획의 수립 기준을 구체적으로 제시하고 있다. 이 지침은 2021년 12월에 개정되었는데, "탄소중립사회로의 이행 및 녹색성장에 적극 대응하기 위하여, 탄소감축에 유리한 공간구조를 형성하고, 화석연료 사용 억제 및 신재생에너지의 사용을 촉진하여 에너지 전환을 추구하며, 도시 내 탄소흡수원을 확충하고, 재해취약성을 저감하는 데 주력하여야" 함을 개정의 주된 배경으로 삼고 있다. 특히, 탄소감축에 유리한 공간구조에 대하여, '공간구조의 설정'(지침 제4장 제3절)에서 설명하고 있는데, 기존 공간구조의 진단을 위하여 시가지 면적 변화 추이, 주요 교통축의 변화 추이, 지역별 중심지 구조(단핵구조, 다핵 구조)와 도시 성장 형태(확산, 축소, 정체) 등을 분석하도록 하고 있다. 〈표 5-4〉는 다소 복잡하게 여길 수 있는 공간구조의 구성 및 진단 요소를 한눈에 파악하여 비

표 5-4 도시공간구조의 구성 요소와 특성

유형 / 요소	단핵 집중형	분산형	분산 집중형
토지이용 패턴	모든 중심 기능 도심에 집중	중심 기능 도시 전역에 고르게 분산	중심 기능 도시 전역에 고르게 집중 분산
교통 체계 (교통망 형태)	방사선 교통망 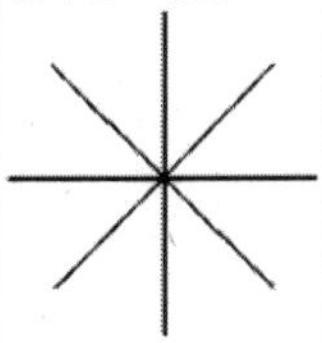	총체적 교통망 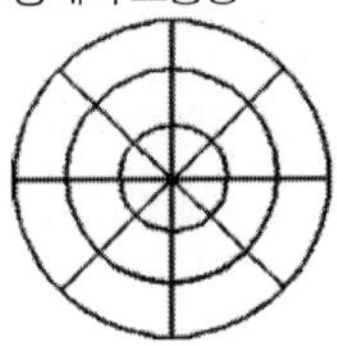	고립적 교통망 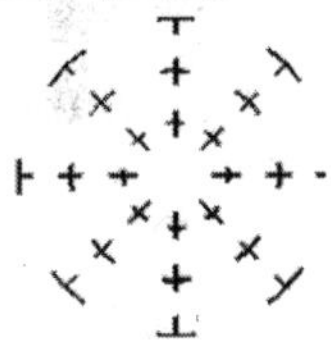

교할 수 있도록 종합적으로 정리했다.

지침에서 제시하고 있는 네 가지 진단 요소는 면적 요소(=토지이용)와 선적 요소(=교통)로 구분할 수 있다. 여기서 면적 요소와 선적 요소는 각기 토지이용패턴과 교통체계를 의미한다(이승일, 2022). 탄소 발생 측면에서 보면, 토지이용패턴은 활동량 원인(〈그림 4-2〉 참조)의 활동량을 결정하는 활동 시설의 용량과 분포를 나타내고, 교통체계는 거리 원인(〈그림 4-2〉 참조)의 이동 거리와 통행량을 결정하는 교통망의 특성을 보이는데, 각기 건물 부문과 수송 부문에서의 탄소배출에 영향을 미친다. 그러나 토지 이용패턴과 교통 체계는 서로 결합해(이승일, 2022), 하나의 도시공간구조를 구성하므로(〈표 5-4〉 참조), 활동량 원인과 거리 원인으로 인한 탄소배출량을 명료하게 구분해 내기는 쉽지 않다. 예를 들어, 시가지 면적이 커지는 확대형 도시 성장 형태로 인하여 건물 부문에서의 탄소배출량이 증가하더라도, 고립적 교통망과 분산 집중형 중심지 구조로 인하여 총통행 거리가 줄어들게 된다면, 순 탄소배출량은 오히려 감소할 수 있기 때문이다. 이를 통해 우리가 알 수 있는 사실은, 두 요소가 내부적으로 연계되어 있어서 요소별로 따로 접근해서는 최종 저감 효과를 제대로 파악할 수 없다는 점이다. 결국 모든 요소가 종합된 공간구조를 대상으로 탄소감축의 목표를 설정하고, 이를 달성하기 위한 시책을 토지이용패턴과 교통 체계에서 정하여 시행해야 한다.

이와 같은 연역적(deductive)이며 합리적(rational)인 공간구조의 설정 방식은 지침에서도 확인된다. 지침(제4장 제3절)은, 먼저 공간구조의 진단 과정을 통해 현재 공간구조의 문제를 분석하고, 이를 바탕으로 2개 안 이상의 기본 골격 안, 즉 공간구조의 대안을 구상하며, 구상한 대안들을 계획의 합리성, 경제적 타당성, 적정성, 환경성 등에서의 장 · 단점을 기준으로 비교 · 분석한 후 최종안을 선택하여 추진하는 공간구조의 개편 방향을 제시하고 있다. 공간구조의 최종안에 대해서는 탄소감축의 목표를 설정할 수 있어야 하는데, 이를 위해서는 탄소감축의 순 효과를 모의실험할 수 있는 수단이 필요하다. 지침에는 이와 관련하여 특별한 수단을 정하고 있지 않은데, 공간구조의 전환에 따른 효과를 산정하기 위해서는 도시통합모델이 가장 적합한 것으로 알려져 있다(이승일, 2022). 그러나 이 책의 4장에서도 언급했듯이, 국내에서는 도시시스템을 그대로 재현하는 수준의 도시통합모델은 아직까지 개발되지 못한 상태다(이승일, 2022). 따라서 향후 탄소감축의 순 효과를 모의실험하기 위한 정도의 수준으로 단순화한 도시통합모델을 서둘러 개발해 정책의 실무자가 활용할 수 있도록 해야 할 것이다.

탄소감축에 유리한 공간구조를 최종적으로 설정하고 나면, 중장기적 공간구조의 개편은 토지이용 계획, 교통계획, 녹지 계획 등 도시기본계획의 부문 계획을 통해 추진되어야 한다. 여기서 토지이용 계획의 역할은 공간구조의 개편에 부합하게 도시의 모든 필지를 대상으로 건물의 입지, 용도, 밀도 등을 정하는 데 있다. 이 과정에서 발생하는 건물에서의 활동(〈그림 5-2〉 참조)을 위한 이동의 수요, 즉

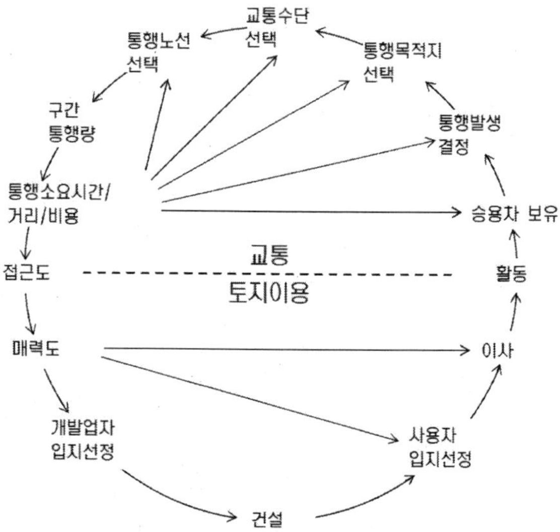

그림 5-2 토지이용-교통 상호 작용의 순환 사이클
출처: Wegener, 1996, 110쪽.

접근도(〈그림 5-2〉 참조)를 그에 부합하게 개선해야 하는데, 이를 교통계획의 역할이라고 할 수 있다.

보통 공간구조의 전환은 단기적 개발 사업과 시설 사업의 시행이 장기적으로 누적되며 이루어지는데, 이때 토지이용-교통계획의 순서(〈그림 5-2〉 아래 반원에서 위 반원으로의 방향)에서 다시 교통-토지이용 계획의 순서(〈그림

5-2〉 아래 위 반원에서 아래 반원으로의 방향)로 단기적 상호 작용이 반복된다. 이런 과정을 '토지이용-교통 상호 작용의 순환 사이클'이라고 부른다(Wegener, 1996; 이승일, 2022). 순환 사이클이 진행될 때마다 토지이용 계획에서 비롯한 감축 효과에 대해 교통계획에 의한 상쇄(trade-off) 효과를 반영하여 순(net) 효과로 산정해야 한다. 물론 이 순서는 다시 바뀔 수 있다. 이런 관계를 고려하면 전환 단계Ⅱ를 '종합적(comprehensive) 전환 단계'라고 부를 수 있다(〈표 5-2〉 참조).

이와 같은 종합적 관계를 고려하여, 전환 단계Ⅱ의 시책은 건물, 수송, 흡수원 등의 부문을 대상으로 삼되, 토지이용-교통의 관계 속에서 부문별 순(net) 감축 효과의 증대를 확인할 수 있어야 하고, 궁극적으로 목표로 삼는 공간구조로 전환되는 것을 점검해야 한다. 여기서도 탄소감축의 순 효과를 산정하려면 이를 위한 목적으로 만든 도시통합모델이 필요하다. 이처럼 앞으로 단순화된 도시통합모델의 이용수요가 많으므로 모델의 개발에 서둘러야 할 것이다.

우선 건물 부문의 대표적 시책으로 신축 또는 개축에 의한 제로 에너지 건물의 수를 증가시키더라도, 개발된 토지 면적의 확대로 탄소흡수량이 크게 감소하지 않도록 해야 한다. 수송 부문에서는 교통계획으로 인해 유리해진 교통 조건(접근도)에 따라 출발지(주거)와 도착지(직장 등)를 선택하는 활동이 많아지도록 토지이용 조건을 조성해야 한다. 이를 위해 활동자의 통행 목적별로 통행 목적지 선택, 교통수단 선택, 통행 노선 선택 등(〈그림 5-2〉 참조)에서 대중교통 또는 친환경 자동차의 선택과 자동차 통행거리의 단축을 도모할 수 있도록 역세권 개발 또는 직주 근접의 토지이용패턴을 모색해야 한다. 또한 친환경 자동차의 전환으로 단위 자동차 통행에 따른 탄소배출량을 획기적으로 줄인다고 하더라도, 통행량이 증가해 도로 · 주차장이 확장되어 탄소흡수량이 감소하게 됨을 간과하지 말아야 한다. 공간구조의 차원에서 도시 녹지의 면적과 형상(=생태 네트워크)으로 인해 탄소흡수량에 부정적 영향을 미치지 않도록 해야 할 것이다.

이 절을 마치며 여기서도 미래 교통수단[예, 자율 주행차, 드론, 도심 항공 교통(UAM) 등] 같은 첨단 기술의 실용화를 대비해 현 시점에 관련 시책을 시행할 때 장래 도입 방안을 현명하게 모색해야 함을 강조하고자 한다. 전환 단계 I과 마찬가지로, 전환 단계 II에서도 시책을 시행할 당시 적용할 수 없는 기술이 시간이 지나며 활발한 기술 개발을 통해 실제로 적용할 수 있게 될 경우에 대비하는 진화적 접근이 필요하다.

총체적 전환 단계(전환 단계Ⅲ)

전환 단계Ⅰ과 Ⅱ를 통해 탈탄소로 전환된 물리적 시설(= 공간적 시설)을 도시 활동자가 자신의 활동 수행을 위해 선택할 때 비로소 탄소감축의 효과가 실제로 나타날 수 있다(〈그림 5-3〉 참조). 전환 단계Ⅲ의 목적은 바로 도시 활동자가 탈탄소의 활동 방식을 선택할 수 있는 여건, 즉 '탄소중립 비물리적 조건'(이하 비물리적 조건)을 조성하는 데 있다. 탄소중립도시의 전환은, 앞에서 살펴본 두 전환 단계의 시책을 통해 탄소감축의 물리적 조건이 마련된 지역 및 시설에 대하여, 이들을 대상으로 삼아 점증적으로 전환 단계Ⅲ의 비물리적 조건을 조성해 나가면서 이루어질 수 있다. 이런 '점증적 전환'의 방식이 도시 전 지역에 빠짐없이 추진된다면, 결국 그 도시는 머지않아 탄소중립으로 전환될 수 있을 것이다.

전환 단계Ⅲ의 시책에 대하여 구체적으로 살펴보기에 앞서, 이 단계의 시책이 중요한 이유를 간략하게 논의하도록 한다. 사실 비물리적 조건은 비단 탄소중립 정책에만

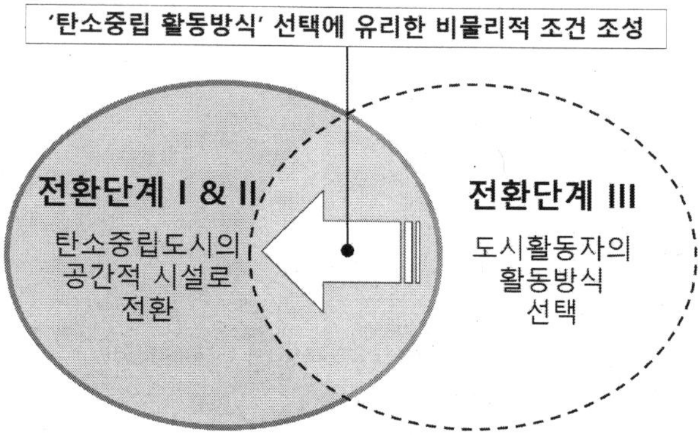

그림 5-3 탄소중립도시의 물리적 조건과 비물리적 조건

국한된 것은 아니다. 일반적으로 공공 정책과 개인의 합리적 선택 간에는 항상 괴리가 있기 마련인데, 공공 정책은 시민 최대 다수의 복지(여기서는 탄소중립)를 최대화하는 공리주의에 근거하지만, 개인은 자신의 만족도를 높이기 위해 효용을 극대화하기 때문이다. 탄소중립의 정책에서 이런 괴리는 더 커질 수밖에 없는데, 현대 도시에서 도시 활동자가 활동의 수행을 위하여 선택하는 효용이 높은 활동 방식은 대부분 탄소를 많이 배출하는 방식이기 때문이다. 그만큼 탄소배출을 줄이는 활동 방식은 낮은 효율성에 비하여 비용 수준이 상당히 높다. 이 상태에서 개인(가정

과 기업)으로 하여금 바로 탄소저감 활동 방식을 무조건 선택하게 하는 것은 희생을 감수하도록 강요하는 것과 다르지 않다. 특히, 소득 수준이 낮은 개인일수록 이 문제를 더 예민하게 받아들일 수밖에 없다. 따라서 이와 같은 부담을 줄이는 비물리적 조건을 조성하는 전환 단계Ⅲ의 시책은 정의로운 전환을 통한 지속가능한 탄소중립도시, 즉 탄소중립사회로의 전환과 긴밀하게 연관되어 있다고 할 수 있다(이 책의 4장 4절 참조). 〈그림 5-3〉에서 볼 때, 두 타원형이 완전히 중첩되면 탄소중립사회의 전환이 이루어졌다고 말할 수 있는데, 이를 위하여 공간적 시설의 전환이 기본적으로 이루어져야 하지만, '탄소중립 활동 방식'의 선택에 유리한 비물리적 조건도 반드시 수반되어야 한다는 것이다.

그러나 비물리적 조건을 효과적으로 설정하는 것은 말처럼 쉬운 일이 아니다. 도시 활동자는 인구 · 경제 · 사회적으로 다르고, 활동(목적)별로 적합한 토지이용, 교통, 환경 등 입지의 조건에서 차이가 크므로, 도시에서 발생하는 활동과 활동자를 대상으로 탄소감축을 위해 효과적인 물리적 조건과 비물리적 조건을 일률적으로 정할 수 없기 때문이다. 이 문제를 해결할 수 있는 유용한 수단으로 알려진 것은, 다름 아닌 도시시스템의 개념(〈그림 5-4〉 참조)

에 기반을 둔 도시통합모델이다(이승일, 2022). 앞서 언급했듯이 국내에서는 도시시스템을 그대로 재현하는 수준의 도시통합모델은 아직까지 개발되지 못한 상태다(이승일, 2022). 따라서 전환 단계Ⅲ의 시책에 대해서도 탄소감축의 효과를 모의실험하기 위한 정도의 수준으로 단순화한 도시통합모델을 개발해 정책의 실무자가 활용할 수 있도록 해야 할 것이다. 다만, 전환 단계Ⅲ의 시책은 특히 도시시스템의 개념을 기반으로 삼아야 하므로, 단순화한 도시통합모델을 활용하더라도 도시시스템에 내재된 이론을 이해하는 것은 필수적이다. 이런 이유로 여기서는 IRPUD 모델의 개발자인 베게너(Wegener, 1994)가 제시한 도시시스템을 사례(〈그림 5-4〉 참조)로 도시시스템의 구성 요소(=하위 시스템)와 그들 간의 관계를 간략하게 살펴보도록 한다. 상세한 내용을 알기를 원하면, 이승일(2022)의 4장을 참조하기를 권한다.

〈그림 5-4〉에 따르면, 도시시스템은 모두 9개의 하위 시스템으로 구성되어 있는데 각 하위 시스템을 장기적, 중기적, 단기적 특성으로 구분하여 설명하면 다음과 같다. 장기적으로 공간구조를 형성하는 '토지이용과 교통망 하위 시스템', 건물의 신축, 증축, 개축과 관련된 중기적인 '직장(오피스)과 주거(주택) 하위 시스템', 단기적인(또는 점

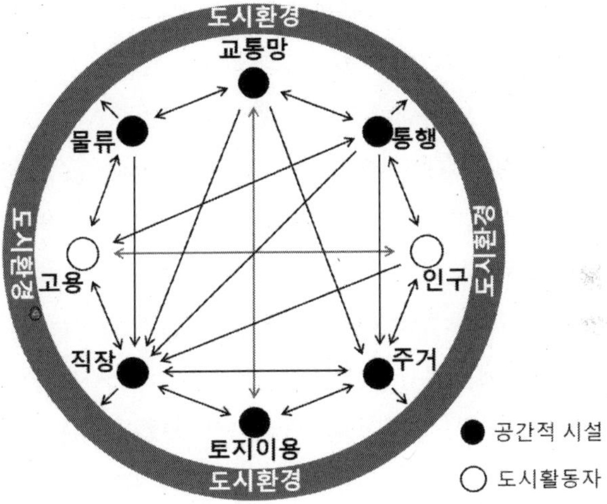

그림 5-4 도시시스템 개념의 사례
출처: Wegener, 1994, 22쪽.

증적인) 도시 활동의 입지 선택과 관련된 기업과 인구(또는 가구)의 특성을 규명하는 '고용과 인구 하위 시스템', 도시 활동을 위한 이동과 교통 시설의 설치 등과 관련된 '통행과 물류 하위 시스템', 이들 모든 하위 시스템으로부터 영향을 받는 '도시 환경 하위 시스템'(탄소배출량은 이 하위 시스템에 해당) 등 9개의 하위 시스템으로 구분할 수 있다. 〈그림 5-4〉에서 검은색 동그라미로 표시한 하위 시스템들은 공간적 시설로서 활동의 물리적 조건을 나타내고, 흰색 동그라미로 표시한 하위 시스템들은 도시 활동자의 특성을 나타낸다. 그리고 각 하위 시스템의 관계는 화살표로 표시되어 있다. 이와 같은 (시간적 차이를 고려한) 동적인 관계를 이해하게 되면, 전환 단계 Ⅲ의 개별 시책과 연관된, 즉 화살표로 연결된 공간적 시설을 대상으로 활동자 유형별 차별적인 비물리적 조건을 추정할 수 있다는 것이다. 도시에는 물리적 시설과 활동 및 활동자의 수가 워낙 많아서 이들 모두를 대상으로 삼아 일일이 이런 관계를 살필 수 없기 때문에 도시통합모델이 필요하지만, 부분적 시책을 적용할 때에는 대상이 한정되므로 도시시스템의 하위 시스템 간 관계를 고려하여 시책을 설정하는 것이 가능해진다.

이제부터 전환 단계 Ⅲ의 시책에 대하여 구체적으로 살펴보고자 하는데, 이를 위해서는 정의한 전환 단계 Ⅲ 시책의 적용 범위를 먼저 확대해야 한다. 무슨 말이냐면, 앞에서는 전환 단계 Ⅲ의 시책을 앞선 두 단계 시책을 적용하고 난 후 변화하는 물리적 조건에 부합하게 도시 활동자의 활동 방식을 선택하게 할 목적으로 적용한다고 했으나, 이와 더불어 토지 및 건물 소유자(지자체와 개인)로 하여금 기존 물리적 시설을 탄소감축의 시설로 전환(신축, 증축, 개축)하도록 이끄는 역할도 포함해야 한다는 것을 의미한다. 이는 탄소중립도시로의 장기적 전환에서 필요한 여건을 순환적 및 지속적으로 마련하기 위해 필요하다. 즉 처음에는 공공이 주도적으로 주요 시설에 대해 물리적 전환을 실행하고 개인이 전환된 시설을 활동을 위해 선택하도록 비물리적 조건을 정하여, 탄소감축을 실현해야 한다. 그러나 그 뒤부터는 토지 및 건물 소유자가 자발적으로 물리적 전환을 시행하고, 이를 활동을 위해 선택하도록 해야 하는데, 여기서 자발적으로 물리적 전환을 시행하게 하려면 시장(market)의 원리에 기반을 둔 개인의 의사 결정이 필요하다. 이와 같은 의사 결정도 비물리적 조건에 의하여 이루어질 수 있기 때문에 전환 단계Ⅲ의 시책은 개인의 건설 관련 의사 결정을 하는 데 중요한 역할을 하게 된다. 따라서 전환 단계Ⅲ의 시책은 시장의 원리에 따라 개인(가정과 기업)이 자발적으로 탄소감축의 목적으로 물리적 시설을 실현하게끔 비용과 시간 또는 향후 임대 수익 등을 유리하게 만드는 비물리적 조건을 조성해야 한다. 결국 전환 단계Ⅲ의 시책은 탄소중립도시의 전환을 위해 필요한 물리적 시설의 설치와 이를 이용하는 활동 방식의 선택 등의 조건을 총체적으로 담고 있다고 할 수 있다.

이제부터는 전환 단계Ⅲ의 시책에 해당하는 실무 정책

에 대해서 살펴보도록 한다. 그러나 이 전환 단계의 시책과 관련된 실무 정책의 대상이 다양하고 많기 때문에, 여기서는 부문별로 원칙 수준의 시책 방안을 제시하도록 한다. 우선 건물 부문에서 전환된 물리적 시설의 탄소감축 효과를 극대화하려면, 건물 이용자(기업과 가정)의 활동 수행에서 에너지 소비를 절약하기 위한 경제 · 사회적 시책(예, 에너지 가격 정책, 세금 공제, 행위 규제 등)이 필요하다. 에너지 소비를 낮추는 패시브 시설의 설치와 신재생에너지를 생산하기 위한 액티브 시설의 설치를 이끌어 내기 위한 유인책도 필요한데, 이 역시 앞서 제시한 경제 · 사회적 시책이 유효하게 작용할 것이다. 최근 건물에 재생에너지 생산 시설을 설치하는 것을 수익 사업으로 여기는 경향이 강한데, 이를 통해 건물주의 신재생에너지 생산시설의 설치를 적극적으로 유도하기 위한 경제적 시책이 필요하다. 나아가 2023년 6월에 제정되어 2024년 6월부터 시행된 「분산에너지 활성화 특별법」에서 제시하고 있는 방안을 적극적으로 활용해야 할 것이다(이 책 3장 4절 참조). 그러나 효과가 큰 경제적 시책에 대한 의존성이 높아지면 정의로운 전환을 실현하기 어려울 수 있으므로, 소득 수준이 낮은 활동자를 지원하는 사회적 시책도 병행하는 것이 필요하다.

수송 부문에 있어서는, 무엇보다 기본법 제32조(녹색교통의 활성화)에 따라 시책을 적용하는 것이 효과적일 것이다. 대표적으로 자동차 평균 에너지 소비 효율 기준 및 자동차 온실가스 배출 허용 기준을 강화하는 규제 정책을 시행하는 것이 필요하다. 나아가 정부는 교통수요관리 시책을 마련하여 시행함을 강조하고 있는데, 이를 위한 시책으로 교통 비용의 체계를 대중교통을 중심으로 정비하기 위해 혼잡 통행료 및 교통 유발 부담금 제도를 개선하거나, 대중교통의 이용 여건을 개선하기 위해 버스 · 저공해 차량 전용차로 및 승용차 진입 제한 지역을 확대하는 것, 자전거 등 녹색교통수단의 이용을 활성화하는 방안 등을 들 수 있다. 이 밖에도 전기자동차 등의 보급을 촉진하기 위하여 재정 · 세제의 지원, 연구 개발, 구매 의무화, 저공해 자동차 보급 목표제 등과 관련된 제도의 도입 및 확대를 강구하는 정부의 정책도 비물리적 조건을 조성하기 위한 시책에 해당한다. 그리고 건물 부문과 연계하여, 재개발, 재건축, 재생 등의 사업을 통해 물리적 전환이 이루어진 새 건물에 거주하는 활동자는 이전에 비해 소득 수준이 높으므로 자동차의 이용률이 상승하게 마련이다. 이에 대하여, 특히 역세권에서의 개발이 유리하게 하여 가급적 새 건물이 여기에 건설되도록 할 뿐 아니라 건물의 입주자에게 자동차의 이용을 억제하기 위한 주차장 공급 제한 정책을 도입하는 것이 필요하다(이승일, 2022). 이는 정의로운 전환을 실현하는 데 매우 효과적인 시책이라고 할 수 있다.

끝으로 흡수원 부문에서, 전환 단계Ⅲ의 시책은 전환 단계Ⅰ에서 제시한 물리적 조건의 시책이 효과적으로 시행될 수 있도록 하는 데서 그 역할을 찾아야 한다. 근본적으로 도시 지역의 지가는 높기 때문에 이미 확보된 녹지 외의 것을 추가로 확보하기 어려우므로, 도시개발 사업에서 용적률 인센티브의 제공을 통해 마련하는 정책이 효과적이다. 기존 녹지에 대해서도, 탄소흡수 능력이 양호한 수종으로 교체하도록 유인해야하는데 이를 위해 소요되는 비용을 지원할 수 있는 정책이 효과적일 것이다. 또한 도시 구조물의 지붕과 벽면을 식물이 서식할 수 있는 환경으로 변경해 인공 녹지를 조성하는 시책을 위해서도, 설치와 운영 및 관리를 위한 비용을 시행 주체가 감당할 수 있도록 인센티브를 제공하는 정책이 필요하다. 결국 흡수원 부문을 위한 비물리적 조건은 흡수원의 확보를 위한 토지, 식재, 운영 및 관리 등에 소요되는 (기회)비용을 지원하는 경제적 시책으로 조성될 수 있는데, 이 경우에도 소득 수준이 낮은 활동자가 활동하는 지역에 대해서는 공공의 역할이 큰 비중을 차지하도록 하는 사회적 시책이 중요하다. 특히, 기후변화로 인한 저소득층의 기후위기 극복을 위해서도 이와 같은 사회적 접근은 절실하게 요구된다.

이 절을 끝내기 전에 짚고 넘어가야 할 현실적 문제가 있는데, 바로 부문별로 전환 단계Ⅲ의 시책을 적극적으로 시행하여 최선의 비물리적 조건을 설정했다고 하더라도 도시 활동자가 100퍼센트 만족하는 비물리적 조건을 실제로 조성하기가 어렵다는 점이다. 그럼에도 불구하고 도시 활동자의 탄소감축을 위한 활동 방식의 선택은 매우 중요하므로, 시장의 원리가 아닌 정부-시민 사회-민간의 협력을 통해 탄소중립을 위한 개인 및 집단행동 실천의 여건을 만드는 것도 반드시 병행되어야 한다. IPCC 제6차 종합보고서(IPCC, 2023)에서는 "경제적, 사회적, 정치적 요인들이 다중적으로 상호 작용하여 만드는 선택과 행동을 통해서 (국가 또는 도시) 발전의 경로를 지속가능성으로 향하게 바꿀 수 있다"고 선언했는데, 협력의 근거는 바로 여기서 찾을 수 있을 것이다.

이제 5장을 마치며, 지금까지 다룬 '탄소중립도시로의 단계적 전환'에 대한 내용을 짧게 요약하고자 한다. 5장에서는 이 책의 4장에서 지자체의 정책 실무 수행을 목적으로 제시한 탄소중립도시의 종합적 정의를 이어받아, 지자체가 효과적으로 시책을 시행할 수 있게끔, 시기와 방식을 기준으로 세 개의 전환 단계를 마련했다. 시기적으로는 단기적 전환, 중장기적 전환, 점증적 전환으로 구분했고, 방식으로는 개별적 시책, 종합적 시책, 총체적 시책으로 나누었다. 앞의 두 단계의 시책은 물리적 조건, 즉 시설과 공간구조를 대상으로 삼고, 세 번째 단계의 시책은 시설 이용자의 활동 방식을 대상으로 하고 있다. 지자체의 시책 시행의 효율성을 위하여 전환 단계를 구분했지만, 지자체 시행자는 전환 단계별 시책들이 도시시스템의 개념을 바탕으로 총체적 연계되어 있음을 간과하지 말아야 한다. 끝으로, 각 전환 단계에서 추정된 시책별 감축 목표량은 검증 과정을 밟아야 하는데, 이를 위해 지자체에 탄소회계시스템이 필요함을 거듭 강조할 수밖에 없다.

참고문헌

박기용(2024.5.3). 2030년까지 온실가스 40% 감축 목표, 충분한가요?. ≪한겨레≫.

이승일(2022). 『탄소중립도시를 위한 역세권 개발론』. 커뮤니케이션북스.

이승일(2024). 미래 변화에 대응한 한국형 탄소중립도시의 길. ≪건축과 도시공간≫, vol.55 Autumn, 6~11쪽.

이월통 · 이승일(2024). 토지이용 변화의 이산화탄소배출량 영향에 대한 분석 연구: 중국 베이징시를 대상으로. ≪국토계획≫, 59(7), 5~21쪽.

환경부(2023). 지자체 탄소중립 · 녹색성장 기본계획 수립 및 추진상황 점검 가이드라인. 환경부.

환경부 · 국토교통부(2024). 지역과 민간 중심의 탄소중립 이행을 위한「탄소중립 선도도시」공모 가이드라인(안).

IPCC(2023). AR6 Synthesis Report: Climate Change 2023, IPCC. Geneva, Switzerland.

OECD(2006). Decoupling: Policy Implications. OECD Papers, vol.5/11.

Tapio, P.(2005). Towards a Theory of Decoupling: Degrees of Decoupling in the EU and the Case of Road Traffic in Finland between 1970 and 2001. *Transport Policy*, *12*, pp.137~151.

Wegener, M.(1994). Operational urban models: State of the art. *Journal of the American Planning Association, 60*(1), pp.17~29.

Wegener, M.(1996). Reduction of CO2 emissions of transport by reorganisation of urban activities, In Hayashi, Y. & Roy, J.(Eds), *Transport, land-use and the environment*, Dordrecht, Boston, London: Kluwer, pp.103~124.

06
도시 유형별 차별적 탄소중립 전환

도시 유형 구분의 필요성

우리나라는 2020년 10월 28일 국제 사회에 도전적으로 2050 탄소중립(nationally determined contributions: NDC)을 선언했다. 이후 정부는 많은 노력을 기울여 NDC의 달성을 위한 이행 전략을 마련했고, 이를 국제적으로 인정받았으며, 2023년 4월 국가 비전 및 국가 전략, 중장기 감축 목표(2030 NDC 달성을 위한 로드맵 포함), 추진 과제 등이 담긴 국가기본계획을 확정하여 발표하기에 이르렀다(이 책의 서론 참조). 이를 바탕으로 국가는 17개의 시 · 도(2023년 현재)와 226개의 시 · 군 · 구(2019년 현재)로 구성된 우리나라 모든 지자체를 대상으로 지자체 관리 권한에 해당하는 부문을 중심으로 조직 경계 안에서 탄소중립을 달성하기 위한 중장기 로드맵을 지자체 기본계획을 통해 제시하도록 요구하고 있다. 당초 계획보다 일정이 다소 늦어졌지만, 시 · 도가 2024년 5월까지 제1차 시 · 도 기본계획을 먼저 수립하면, 이를 바탕으로 시 · 군 · 구는 2025년 4월까지 제1차 시 · 군 · 구기본계획을 수립해야 한다. 이렇게 국가와 모든 지자체가 3년에 걸쳐 기본계획을 수립해 탄소중립을 위한 로드맵을 만들고 나면, 2026년에는 비로소 기본법 제13조에 따른 국가와 지자체 기본계획의 추진 상황을 점검한 첫 번째 결과 보고서가 인터넷 홈페이지(기본법 시행령 제8조)에 공개될 것이다. 이를 통해 누구나 국가의 하향식 목표와 지자체의 상향식 목표가 서로 정합하며 제대로 이행되고 있는지 직접 확인할 수 있을 것이다.

그러나 우리나라의 많은 학자와 연구자뿐 아니라 실무 담당자조차 처음으로 이루어질 추진 상황 점검의 결과가 성공적이지 못할 것으로 예상하고 있다. 이와 같이 부정적 견해가 크게 앞서는 이유는 무엇보다 우리나라에서 이런 일을 해 본 적이 없었다는 점으로 단순히 설명될 수 있다. 하지만 문제를 좀 더 구체적으로 살펴보면, 국가가 제시한 하향식 정량 목표(2030 40% 탄소감축과 2050 탄소중립)에 대하여 시 · 도와 시 · 군 · 구별로 상향식 이행 목표를 설정하도록 하고, 그 달성 정도를 매년 엄격하게 점검하여 개선을 모색하도록 요구하는 국가 차원의 정책 제도는 모두에게 생소하여 처음부터 제대로 이행되기를 기대할 수 없다는 것이다. 특히, 이행의 주체인 시·도와 시·군·구의 실무 부서 담당자는 국가의 탄소중립을 위한 국가-지자체 간 총체적 업무수행 방식에 익숙하지 않을 뿐 아니라 탄소중립도시 업무와 그 원인이 되는 지자체 고유의 업무(도시계획과 개발의 업무)를 서로 연계하는 방안을 잘 알지 못하고 있다. 처음부터 이런 문제점을 인지하고 있었던 정부(환경부)와 관련된 여러 연구기관은 지자체 실무 부서의 담당자가 업무 수행 시 참고할 수 있도록 연구 및 정책보고서, 사례 보고서, 가이드라인 등 유용한 자료(이하 참고 자료)를 지속적으로 생산하여 제공하고 있다.

지자체를 지원하기 위한 국가의 꾸준한 노력에도 불구하고 개별 지자체의 실무 부서 담당자는 국가-지자체 간 총체적 업무를 수행하는 것을 여전히 어렵게 여기고 있는데, 그 이유를 이 책에서는 크게 다음과 같은 두 가지 관점에서 찾아보았다. 첫째 이유로, 국가 탄소중립 목표의 달성이 장기적으로 이루어질 수밖에 없듯이 지자체의 탄소중립도시 전환도 2050년까지 긴 시간 동안 실행되어야 하는데, 지금까지 제공된 참고 자료는 전환에 필요한 시간을 치밀하게 고려하지 않았기 때문에 지자체의 장기 실행 계획 수립을 실질적으로 지원하지 못하고 있다는 점을 들 수 있다. 여기서 말하는 장기 실행 계획이란 탄소중립 달성을 위한 장기적 로드맵의 수립 자체를 말하는 것이 아니라 탄소배출의 원인, 즉 도시 활동을 위한 물리적 시설을 조성하는 도시개발과 장기적으로 도시개발을 이끌어 내는 도시계획을 의미한다. 즉 (국토교통부가 아닌 주로 환경부와 그 관련 기관에서 생산한) 참고 자료에는 지자체가 필요로 하는 도시계획 및 개발 관련 업무 수행을 지원하는 내용이 부족하여 실무 부서의 담당자로서는 실질적으로 참고할 수 있는 자료가 없다고 여기는 것이 당연하다. 이런 문제를 해결하고자 이 책에서는 지금까지 국가뿐 아니라 지자체가 기존 탄소도시를 탈탄소도시로 전환하는 데 필요한 일들을 제대로 이해할 수 있도록 탄소중립도시를 본질적, 법·제도적, 실체적, 실천적으로 정의했다(이 책의 4장 참조). 이 책에서는 여기서 그치지 않고, 지자체가 탄소중립도시로의 장기적 전환을 효과적으로 이행할 수 있게끔 단계적 전환 전략(이 책의 5장 참조)을 마련해 제시했다. 이를 통해 지자체 실무 부서의 담당자 스스로가 자신이 해야 할 일을 명확히 파악하고, 이를 바탕으로 장기간에 걸쳐 체계적으로 업무를 수행함으로써 효과적으로 탄소중립도시의 전환을 추진하도록 지원하고자 했다.

그러나 이 정도의 지원으로 지자체의 어려움이 모두 해소될 것을 기대하기 힘든데, 그 부족한 부분이 바로 두 번째 이유에 해당한다. 상위 기관에서 제공하는 참고 자료가 모든 지자체에게 적합한 맞춤형으로 만들어지지 않아서 지자체 실무 부서 담당자에게 직접적인 도움이 되지 못한다는 점이다. 그도 그럴 것이 상위 기관의 담당자 또는 연구자는 지자체가 수적으로 너무 많아서 지자체마다 처한 독특한 도시발전 여건을 상세히 파악하여 맞춤형으로 지원하기가 현실적으로 어렵다는 것이다. 그래서 지자체의 담당자는 자구책으로 참고 자료를 생산한 전문가에게 개별적으로 질의하여 맞춤형의 답을 얻어 내려고 하지만 이는 지자체의 여건에 대한 전문가의 이해도가 높아야 가능하므로, 만족할 만한 수준에 이르기가 여전히 힘들 수밖에 없다. 가장 효율적인 해결 방식은 지자체 실무 부서 담당자가 스스로 지금까지 제공된 참고 자료를 바탕으로 주어진 총체적 역할을 학습하여 업무를 수행하는 것이다. 이를 지원하기 위하여 이 책의 6장에서는 전국 지자체를 4개의 도시 유형으로 구분하고, 이 책에서 지금까지 제시한 내용을 도시 유형별로 재구성했다(〈표 6-1〉 참조). 이를 바탕으로 지자체 실무 부서 담당자는 자신의 지자체가 속한 도시 유형과 그에 해당하는 탄소중립도시의 단계적 전환 전략을 찾아내어 맞춤형으로 장기 실행 계획을 수립할 수 있을 것이다. 나아가 이와 같은 도시 유형별 맞춤형 지원 방식은 주기적으로 실무 부서 담당자를 교체하는 우리나라 공무원의 근무 특성을 고려할 때 새로 업무를 맡은 담당자가 빠른 시간에 총체적 업무를 원활하게 수행하도록 도와줄 수 있을 것으로 본다.

〈표 6-1〉을 보면, 우리나라 도시의 유형은 공간구조와 이에 연계된 토지이용 분포, 교통망 공급, 개발 수요 등의 항목을 바탕으로 대도시권의 대도시와 중도시, 중도시, 소도시 등 4개로 구분할 수 있다. 일반적으로 도시 유형의 구분은 인구 규모(예, 대도시는 인구 50만 명 이상)를 기준으로 삼지만, 여기서는 탄소중립도시로의 전환과 관련하여 이 책의 4장에서 살펴본 활동량 원인, 거리 원인, 흡수 원인 등 도시공간구조의 요인을 기준으로 삼아 도시 유형을 구분했다(〈그림 4-2〉 참조). 즉 같은 규모의 도시에 대해서도 공간구조적 특성에 따라서 도시 유형이 달라질 수 있다는 것이다. 그 결과, 탄소중립도시 전환 단계의 맞춤형 적용을 위한 도시 유형은 대도시권(대도시와 중도시), 중도시, 소도시 등으로 나뉘게 되었다. 이 도시 유형의 구분에서 가장 두드러진 특이점은 '대도시권에 속한 중도시'와 '독립적 중도시'를 서로 다른 도시 유형으로 분류했다는 점

표 6-1 도시 유형별 탄소중립도시 전환 단계의 맞춤형 적용

<table>
<tr><th colspan="2">항목
도시 유형</th><th>공간구조</th><th>토지이용 분포</th><th>교통망 공급</th><th>개발 수요</th></tr>
<tr><td rowspan="2">대도시권</td><td>대도시</td><td rowspan="2">중심부 대도시와 주변부 중도시들은 하나의 공간구조에 속해 서로 연계된 통근권과 일상 생활권을 형성</td><td>상업·업무지역과 주거 지역의 건물 대부분 (초)고층</td><td>높은 도로율과 병행 높은 수준의 철도와 버스 공급</td><td>높은 개발과 정비의 수요</td></tr>
<tr><td>중도시</td><td>중심부와 연계된 중심지는 고층, 그 외는 중저층 건물</td><td>우수한 광역 교통망, 지역 내 부족한 철도 공급</td><td>비교적 높은 개발수요</td></tr>
<tr><td colspan="2">중도시</td><td>독립적 공간구조의 중심지 주변으로 다수 주거지 형성</td><td>중심지는 중저층, 나머지 지역은 저층 중밀 건물</td><td>국가 교통망 외에는 낮은 수준의 도시 내부 교통망</td><td>낮은 개발 수요, 정비 및 재생 가능</td></tr>
<tr><td colspan="2">소도시
(농·어·산촌)</td><td>소규모 중심지와 지형 순응적 소수 주거지 분산 분포</td><td>지역 대부분 노후 저층 저밀 건물</td><td>지역 대부분 낮은 교통 수요와 공급</td><td>매우 낮은 개발 및 정비의 수요</td></tr>
</table>

에서 찾을 수 있다. 두 중도시의 차이점을 간략히 설명하자면, 전자의 중도시는 중심 도시인 대도시와 공간구조적으로 긴밀하게 연계되어 있어 개발 수요가 높지만, 후자의

중도시는 다른 도시와 기능적으로 분리되어 자족적 특성이 강하므로 개발 수요가 낮다는 것이다. 여기서 보듯, 개발 수요는 지자체가 지닌 탄소중립도시로의 물리적 전환 잠재력을 의미하므로, 〈표 6-1〉에서 도시 유형을 구분하는 항목의 하나로 자리 잡게 되었다. 〈표 6-1〉에 제시된 도시 유형별 항목들의 특성을 고려하면, 지자체 실무 부서 담당자는 자신이 속한 지자체의 탄소중립도시발전에 부합하는 전환 단계의 시책을 선정하여 시행할 수 있을 것이다.

이와 같은 기대를 바탕으로, 공간구조적 특성에 기반을 둔 도시 유형의 구분에 따라, 이 책의 마지막 장인 6장의 남은 세 개의 절에서는 대도시권(2절), 중도시(3절), 소도시(4절) 등에 대하여 차례로 지자체 실무 부서 담당자가 자신이 속한 지자체를 대상으로 탄소중립도시 업무를 도시계획과 개발의 업무와 연계해 효과적으로 수행하는 데 실질적인 도움을 줄 수 있는 총체적 방안을 제시하고자 한다. 그러나 지자체 실무 부서 담당자가 이를 효과적으로 활용하기 위해서는 〈표 6-1〉의 항목별 특성에 대한 이해가 필요한데, 특히 공간구조 항목에 대한 바른 이해가 필요하다.

여기서 말하는 도시공간구조는 단지 도시의 물리적 시

설의 분포 패턴을 나타내는 데 그치지 않고, 현재 토지이용 분포와 교통망 공급에서 발생하는 통행패턴을 서로 연계해서 하나의 시스템으로서 총체적 도시 특성(=공간구조적 특성)을 보여 줄 수 있는 수단이다. 이를 잘 이해하기 위해서는, 이승일(2022)의 4장에서 자세히 설명한 '도시발전과 도시공간구조'의 이론을 참조해야 한다. 그러나 여기서는 이 이론을 반복하여 상세히 설명하는 대신, 도시발전의 현황을 파악하고 공간구조적 문제를 진단하는 수단으로서 브로치 삼각형(Brotchie, 1984)을 활용하는 방법을 설명하는 일에만 집중하고자 한다.

브로치 삼각형은 현재 도시의 토지이용패턴(=토지이용의 평균 분포 거리)과 통행패턴(=평균 교통 거리)을 각기 x축과 y축의 좌표(=현재 공간구조)로 제시할 수 있다. 브로치 삼각형이 유용한 이유는 해당 도시의 잠재적 최대 좌표를 삼각형의 세 꼭짓점으로 정한 상태에서 현재 공간구조의 좌표를 산출하므로 해당 도시의 현재 토지이용 분포와 교통망 공급 상태에서 발생하는 자동차 평균 교통 거리의 문제를 공간구조적으로 진단할 수 있다는 점에 있다(〈그림 6-1〉, 〈그림 6-2〉, 〈그림 6-3〉 참조). 현재 공간구조에 대한 진단을 바탕으로 탄소감축을 이끄는 장래 공간구조의 좌표를 브로치 삼각형에 설정하면, 현재 공간구조를 장래 공간구조로 성공적으로 전환하는 데 필요한 시책을 총체적으로 제시할 수 있게 된다. 이를 통해 지자체 실무 담당자는 자신이 속한 지자체를 위한 탄소중립도시의 단계적 전환 전략을 찾아내어 맞춤형으로 장기 실행 계획을 마련할 수 있을 것이다. 이제부터 각 도시 유형에 대해 차례대로 브로치 삼각형을 이용하여 해당 지자체에 적합한 탄소중립도시 전환을 위한 총체적 방안을 제안하도록 한다.

대도시권 도시 유형의 전환 전략

대도시권 도시 유형은 인구 50만 이상(「지방자치법」 제198조 참조)의 대도시인 중심 도시와 그 주변의 다수 중도시(수도권에서는 대도시도 주변도시에 포함)로 구성된 도시 유형을 의미한다. 〈표 6-1〉에서 보듯, 이 도시 유형의 특성은 무엇보다 복잡한 공간구조에서 찾을 수 있다. 중심부에 속한 대도시와 주변부에 속한 다수의 중도시들은 하나의 공간구조를 구성하고, 중심부와 주변부를 서로 연계해 주는 교통망을 바탕으로 (특히 수도권에는) 많은 도시권 차원의 통근권과 일상 생활권을 형성하고 있다. 대도시권에 속한 각 도시의 상업 · 업무 지역과 주거 지역의 건물 대부분은 광역 생활권에 속한 활동 인구를 수용하기 위하여 고층(중심부는 초고층, 주변부는 중저층)을 이루고 있다. 나아가 대도시권 차원에서 발생하는 활동을 위한 대규모의 이동 수요 때문에 높은 도로율뿐만 아니라 높은 수준의 대중교통(철도와 버스) 공급 현황을 보인다. 이처럼 대도시권에서는 광역적 도시 활동의 규모와 빈도가 커지며 건물과 교통망 등 도시 시설이 수직 및 수평적으로 확산하는 도시발전의 특성을 보인다.

대도시권의 확산적 도시발전이 탄소배출에 미치는 영향은 건물, 수송, 흡수원, 폐기물 등 다양한 부문에서 찾을 수 있다. 대도시권에서 도시 활동의 규모가 확대되면서 증가하는 건물 연면적과 비례하여 에너지 소비와 폐기물 발생이 증가하기 마련이므로, 이를 줄이기 위한 전환 단계 I 의 시책이 필요하다. 특히, 대도시권에서는 신규의 개발뿐 아니라 정비의 수요도 크므로, 대도시권에 속한 지자체들은 (중심부와 주변부에 따라 차이가 있기는 하지만) 이 수요를 탄소중립도시로의 빠른 전환을 위한 전환 단계 I 의 시책을 활발하게 시행하는 기회로 삼을 수 있다.

그러나 이와 같은 지자체별 단기적 시책들의 추진 결과가 장기적으로는 대도시권 차원에서 탄소중립의 결과로 이어질 수 있어야 한다. 따라서 대도시권에 속한 지자체들은 광역적 도시발전의 방향이 탄소중립을 지향하도록 개발 및 정비 사업을 유도하기 위한 장기적 정책, 즉 전환 단계Ⅱ의 시책을 함께 시행해야 한다. 이를 브로치 삼각형의 공간구조로 설명하면 〈그림 6-1〉과 같다. 대도시권의 현재 공간구조(D점) 특성을 한마디로 요약하면, 확산적 도시발전에 따른 분산형 토지이용의 분포와 자동차를 이용하여 모든 통근권과 일상 생활권에 도달할 수 있는 총체적 교통망으로 인하여 토지이용의 평균 분포 거리(x축)가 길고, 평균 교통 거리(y축)도 길다. 이로 인한 탄소배출의 영향은 교통 에너지 소비의 증가와 흡수원의 감소로 나타난다. 수송과 흡수원 부문의 탄소배출을 줄이기 위해서는 현재 공간구조(D점)를 장래 공간구조(D′점)로 전환하는 장기적인 전략이 필요하다. 이를 위하여 자동차를 대신하여 철도와 버스 등 대중교통 수단을 이용해서 편리하게 장거리 도시 활동을 수행할 수 있도록 대도시권 전역에 역세권 중심의 공간구조를 형성하기 위한 역세권 개발의 정책을 추진해야 한다. 이를 통해 대중교통 이용률이 높아짐에 따라 자동차 평균 교통 거리가 짧아지는 효과를 기대할 수 있다. 동시에 역세권뿐 아니라 비역세권도 다양한 생활 서비스 시설이 높은 밀도로 조성된 보행 생활권(N분 도시) 도

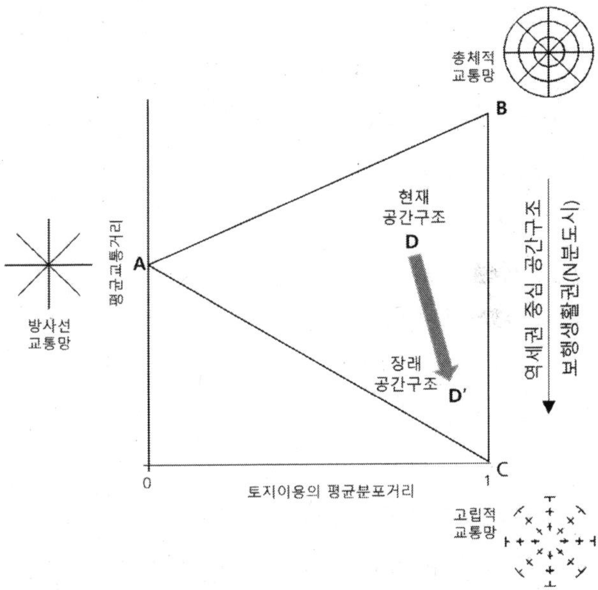

그림 6-1 대도시권 현재와 장래 브로치 삼각형 공간 구조
출처: Brotchie, 1984, 586쪽; 저자 수정.

시정책(생활권 수 최대화, N분 최소화)을 추진하면, 토지이용의 평균 분포 거리가 더욱 길어지면서 사이 공간에 흡수원의 확보가 가능하고, 보행의 증가로 자동차 평균 교통거리를 더욱 감소시킬 것으로 예상한다.

대도시권의 역세권 중심 공간구조 전환 정책을 장기적

으로 지속하여 추진한다는 것은, 단기적으로는 도시 나아가 도시권에서 운행되는 철도의 접근성이 높은 역세권에 더 많은 건물을 제로 에너지의 방식으로 건설하여 입지하도록 역세권 개발과 정비 사업을 수행하는 것을 의미한다. 이를 통해 도시 활동의 수행 시 더 많은 사람이 편리하게 철도를 이용하므로 교통 에너지뿐 아니라 건물 에너지의 소비를 동시에 저감하고, 기후변화에의 적응에 기여하는 흡수원을 확보하는 등 총체적 효과를 증진할 것이다. 따라서 대도시권에서의 역세권 개발은 중심부(주로 도착지)와 주변부(주로 출발지) 간에 발생하는 도시 활동을 철도를 기반으로 통합적으로 연계시킴으로써 자동차 의존적 공간구조를 대중교통 중심의 공간구조로 개편하는 대표적 시책(전환 단계 Ⅱ)이라고 할 수 있다(〈표 6-2〉 참조).

〈표 6-2〉는 대도시권에 속한 지자체가 추진해야 할 역세권 개발의 총체적 전략, 즉 이 책의 5장에서 설명한 전환 단계 Ⅰ, Ⅱ, Ⅲ의 시책들을 모두 포함한 전략을 공간구조, 토지이용, 교통 등의 부문으로 구분해 제시하고 있는데, 이들의 적용을 통해 장기적으로 대도시권의 탄소중립도시공간구조로의 전환을 기대할 수 있다. 그러나 지자체의 실무 부서 담당자가 부문별 전략을 다른 부문과의 관련성을 고려하지 않고 분리하여 적용하면 총체적 접근의 효과

표 6-2 대도시권 역세권 개발의 총체적 전략

유형	공간구조 전략	토지이용 전략	교통 전략
도착지 역세권	• 중심부 도시 초고밀 • 주변부 도시 고밀	• 혼합 용도 • 중심 상업/업무 시설 • 중심 서비스/숙박 시설 • 주거 시설 허용	• 보행/녹색교통 우선 • 버스/택시 환승 시설 허용 • 자동차 이용 억제
출발지 역세권	• 중심부 도시 고밀 • 주변부 도시 중밀	• 혼합 용도 • 주거 시설 위주 • 생활 서비스 시설 • 상업/업무 시설 허용	• 보행/녹색교통 배려 • 버스/택시 환승 시설 • 자동차 이용 허용
비역세권	• 중심부 도시 중밀 • 주변부 도시 저밀	• 중·저밀 • 주거 시설 위주 • 생활 서비스 시설은 인근 역세권에서 이용	• 자동차 이용 중심 • 버스/택시로 인근 역세권과 연계

출처: 이승일, 2022, 110쪽; 저자 수정.

를 얻기 힘들 것이다. 이런 문제가 발생하는 것을 막기 위해, 이제부터는 〈표 6-2〉에 제시된 부문별 단계적 전략들을 서로 연계해 6개 방안으로 요약해 제시하도록 한다.

(방안-1) 역세권에는 철도 이용자가 필요로 하는 모든 시설을 공급할 수 있도록 혼합 용도의 토지이용 정책(전환 단계

II의 시책)이 필요하다.

역세권의 토지이용 용도는 철도 이용자가 수행하는 활동 목적의 대상 기능의 입지를 의미하므로 도착지 또는 출발지의 역할에 부합하게 정해져야 한다(〈표 6-2〉 참조). 그러나 도시철도 네트워크로 서로 긴밀하게 연계된 대도시권의 역세권들에는 어느 정도 도착지와 출발지의 역할이 혼재해 있어 단순히 출발지와 도착지로 명료하게 구분할 수 없다. 일반적으로 도착지 역세권은 공간구조에서 상위 중심지 위계에 속하고, 높은 도시철도 네트워크 접근성을 보이므로 상업 및 업무의 비율이 현저히 높아야 한다. 반대로 출발지 역세권에서는 하위의 중심지 위계와 낮은 도시철도 네트워크 접근성으로 인해 상업 및 업무의 비율이 낮을 수밖에 없다. 즉 비율의 차이는 있으나 도착지와 출발지 역세권은 모두 주거뿐 아니라 상업 및 업무와 생활 서비스 등의 시설 공급을 위해 혼합 용도의 토지이용을 구성해야 한다. 이를 통해 역세권에는 철도 이용자에게 필요한 모든 시설이 공급될 수 있고, 동시에 역세권 주변의 지역(이하 비역세권)의 거주자들에게는 중심 생활권이 될 수 있다. 도시철도역까지의 거리가 멀어서 철도의 이용이 힘든 비역세권의 경우 자동차 중심의 교통 체계를 그대로 유지해야 하지만, 장거리 통행을 위해서는 인근 역세권까지 버스나 택시를 이용해 도달한 후 철도를 이용하도록 하는 교통 대책이 마련되어야 한다. 그러나 여기서 주의해야 할 점은 비역세권에서 역세권으로 진입하는 통행에 대해 자동차가 아닌 버스나 택시를 이용하도록 유인하는 교통정책(전략 단계Ⅲ의 시책)을 반드시 마련해 시행해야 한다는 점이다.

(방안-2) 역세권의 개발 밀도(전환 단계Ⅱ의 시책)는 공간구조에서의 위계와 철도 네트워크 접근성에 비례해 정해져야 한다.

대도시권에 속한 역세권과 비역세권의 개발 밀도는 대도시권 공간구조의 중심지 위계에 따라 초고밀, 고밀, 중밀, 저밀 등으로 정할 수 있다(〈표 6-2〉 참조). 지자체는 여건에 따라 개발 밀도를 용도별로 더 세분해 적용할 수 있다. 그러나 이와 더불어 대도시권 역세권의 개발 밀도는 대도시권의 철도 네트워크로 연계된 출발지로부터 도착지로의 접근성에 비례해 정할 수 있어야 한다. 왜냐하면 도착지 역세권의 개발 밀도는 거기에서 수행되는 활동 목적별 활동량뿐 아니라 철도의 수송량에도 큰 영향을 미치기 때문이다. 만일 접근성보다 낮게 개발 밀도가 설정되면 철도는 수송량이 용량에 못 미치는 비효율성의 문제가 발생하게 되고, 반대로 접근성보다 높게 개발 밀도가 설정되면 철도의 수송 용량이 부족해 혼잡의 문제가 발생하게 된다. 전자의 경우에는 개발 밀도를 적정하게 높이면 해결될 수 있지만, 후자의 경우에는 추가의 철도 노선을 공급해야 하는데 이를 위해서는 대도시권 차원의 장기적인 공간구조 시책이 필요하다. 과도한 활동량은 추가 철도 노선의 공급과 그로 인한 신규 역들의 역세권 개발을 통해 분산할 수 있기 때문이다. 비역세권 지역에 대해서는 중심지 역할을 하는 역세권으로부터 멀수록 개발 밀도를 현저히 낮추는 정책이 시행되어야 한다. 그로 인해 비역세권도 인근 역세권 가까운 지역에 집중하게 되면서 압축적 공간구조가 형성될 것이다. 이렇게 되면 비역세권의 거주자도 버스와 택시를 이용해 인근 역세권에 진입해서 생활 서비스를 소비할 수 있을 뿐만 아니라 대도시권 중심지로의 장거리 통행을 철도로 수행할 수 있게 된다. 이처럼 역세권과 그 인접 지역으로 토지이용이 집중되도록 장기적인 밀도 관리 정책을 시행하게 되면 현재 개발된 토지를 향후 녹지 및 오픈스페이스 등으로 전환할 수 있어서 탄소흡수원 면적의 증진이 가능해진다.

(방안-3) 역세권 내부에는 보행 접근성 증진과 녹지 및 오

픈 스페이스의 적극적인 확보를 위한 녹색교통정책(전환 단계 I 의 시책)의 도입이 필요하다.

역세권 내부는 자동차보다 보행 및 자전거 등 무탄소 교통수단의 이용을 우선하도록 녹색교통 체계로 전환해야 한다. 이 정책이 실행 가능하려면 역세권 내부에는 N분 도시로서 주거, 상업 및 업무, 생활 서비스 등의 시설이 철도 이용자에게 적합하게 공급되도록 해야 한다. 이를 통해 역세권에서는 자동차를 이용하지 않고도 출퇴근뿐 아니라 업무 및 일상생활을 위한 통행을 편리하게 할 수 있을 것이다. 역세권에 도입할 녹색교통정책(전환 단계 I 의 시책)으로는 안전한 보차분리, 단절 없는 보행로와 통학로, 쾌적한 가로수 길 등이 대표적인데, 이를 통해 보행 접근성의 증진뿐 아니라 탄소흡수원의 확충도 기대할 수 있다. 이와 더불어 주차 요금 인상, 주정차 금지, 도로 운행 감속 등의 자동차 수요 관리 정책(전환 단계 III의 시책)을 적극 시행함으로써 자동차보다 철도와 버스의 이용이 경제적으로도 유리하게 만들어야 한다.

(방안-4) 역세권 중심의 공간구조 개편을 위한 도시개발에 따라 새로 건설되는 건물에는 녹색건물 정책(전환 단계 I 의 시책)이 도입되어야 한다.

역세권의 내부와 주변에는 철도의 이용률을 높이기 위해 기존 토지이용을 혼합 용도와 높은 개발 밀도로 개편하는 도시개발 사업이 추진되어야 한다. 이때 주택, 상업 · 업무용 건물, 생활 서비스용 건물 등 많은 건물이 새로 건설될 수밖에 없는데, 새로운 건물은 에너지 이용 효율성과 신재생에너지의 사용 비율이 높은 녹색건물(「탄소중립기본법」 제31조)이 되어야 한다(전환 단계 I 의 시책). 특히, 역세권 내부와 비역세권의 버스 정류장 주변의 건물에는 자동차 이용 억제를 위해 단지 내 주차장, 지하 주차장, 진입로와 진출로 등 자동차의 이용을 위한 시설의 설치를 줄여야 한다. 그러나 현재 대중교통 중심의 교통 체계가 완전히 구축되지 못해서 자동차의 이용이 불가피하여 설치될 수밖에 없는 자동차 관련 시설은 향후 녹색교통 체계가 완전히 구축된 후에는 '도시 농업', 에너지 저장, 신재생에너지 생산, 탄소흡수 등의 목적으로 전환되어야 한다. 이를 위해 건물 내외부의 공간에 대해 장래의 사용 용도를 미리 정하는 제도의 도입이 필요할 것이다.

(방안-5) 철도의 실질적 이용권 확대를 위하여 비역세권에 대한 버스 정류장 밀도 관리 정책(전환 단계 II 의 시책)의 도입이 필요하다.

철도 이용의 공간 범위를 역세권에 한정하지 않고 확대하기 위해서는 비역세권에서 버스를 이용해 역까지 진입할 수 있도록 버스 노선을 확충해야 한다. 이와 더불어 비역세권에 설치된 버스 노선의 정류장 주변을 역세권 개발과 마찬가지로 개발하되, 정류장에 가까울수록 개발 밀도를 더 높이는 보행 생활권(N분 도시)을 위한 밀도 관리 정책(전환 단계Ⅱ의 시책)이 필요하다. 도시철도 네트워크와 연계된 버스 네트워크가 장기적으로 대도시권에 속한 도시 전역에 빈틈없이 설치되면, 대도시권에서의 대부분 도시 활동은 철도와 버스를 이용해 수행될 수 있을 것이다. 반대로 비역세권에서는 자동차의 이용이 더 보편적이므로 버스 정류장 밀도 관리 권역에서는 버스의 이용이 편리하고 안전해지도록 보행로와 녹지 및 오픈 스페이스를 확보해야 한다.

(방안-6) 대도시권 전역에서 대중교통의 이용이 경제적으로도 유리하도록 자동차의 이용을 억제하는 정책(전환 단계Ⅲ의 시책)의 도입이 필요하다.

현재 대도시권의 교통 체계에서 우위를 점하고 있는 자동차의 역할을 대중교통에게 이관하도록 하려면 대중교통의 이용을 편리하게 만드는 토지이용 구성, 즉 역세권 개발

이 필요하다. 그러나 이와 더불어 자동차의 운행 비용을 상대적으로 더 비싸게 만드는 경제적 정책을 적극적으로 도입해야 한다. 이런 정책을 실행하지 않으면 자동차는 여전히 우세한 교통수단이 될 것이다. 대도시권에서 훨씬 넓은 면적을 차지하는 비역세권 지역에 거주하는 활동자도 중심부 대도시의 도착지 역세권으로 장거리 통행을 할 때 철도가 자동차보다 경제적으로 더 유리할 수 있어야 한다. 이를 위해 역세권 개발로 철도 이용이 편리해진 지역에 대해서는 자동차세, 유류세, 도로 사용료, (공공) 주차 요금 등(전환 단계Ⅲ의 시책)을 지금보다 훨씬 비싸게 만들어야 한다. 통행 시간에 있어서도 대중교통의 이용이 월등히 유리해질 수 있도록 도로 다이어트(차선 수 감소), 주차장 설치 제한, 주행 속도 제한 등(전환 단계Ⅲ의 시책)을 도입해 자동차의 시간 비용을 훨씬 높게 만들어야 한다. 특히, 역세권 내부에서는 자동차 이용을 금지하는 수준까지 억제해서 철도 이용자가 빠르고 편리하고 쾌적하고 안전하게 보행으로 역까지 도달할 수 있도록 해야 할 것이다.

지금까지 제시한 6개의 정책 방안은 대도시권에 속한 지자체와 기초 지자체 중에서도 특히 도시철도 네트워크의 역세권과 이와 인접한 비역세권의 버스 정류장 밀도 관리 지역을 대상으로 적용되어야 한다. 이들 지자체에 대해서는 〈표 6-2〉를 통해 제시한 역할에 부합하게 앞서 기술한 각 정책 방안을 차별적으로 적용해야 할 것이다. 반면에, 이에 속하지 않는 대도시권의 지자체와 기초 지자체는 〈표 6-1〉에서 제시한 중도시(3절 참조)와 소도시(4절 참조)의 도시 유형에 가깝다고 보아야 한다.

이 절을 마무리하기 전에 대도시권에 속한 지자체들이 전환 단계 Ⅱ의 시책을 적용할 때에는 '지자체 탄소중립 녹색성장 기본계획'(「탄소중립기본법」 제11조와 제12조 참조)의 온실가스 감축 목표에 반영할 수 있도록 총체적 방식으로 탄소배출량을 산정하고 사후에는 반드시 검증해야 함을 강조하고자 한다. 특히, 역세권과 그와 연계된 버스 정류장 밀도 관리 권역에서 시행되는 지자체의 도시개발 사업에 대해서는 대도시권 차원의 토지이용-교통 관계 속에서 나타나는 순 감축 효과를 예측하고, 예측 결과를 반영하여 사업 계획을 수정하도록 해야 한다. 수정된 사업 계획에 대해서도 탄소배출 · 흡수량을 반복 산정하여 순 효과가 가장 큰 최종안을 도출하는 과정을 밟아야 하며, 도시개발 사업이 완료된 후에는 실증 데이터로 예측을 위한 산정식의 계수를 검증해야 한다. 그러나 이와 같은 총체적인 방식의 업무는 개별 지자체보다는 대도시권을 대표할 수 있는 기관이 설립된 후에 그 기관에서 총괄적으로 수행하는 것이 효과적일 것으로 본다.

중도시 도시 유형의 전환 전략

중도시의 인구 규모에 대한 법적 기준은 없으나 대도시를 정하는 기준을 준용하면, 중도시의 최대 인구 규모는 50만 명 미만(「지방자치법」 제198조 참조)으로 삼을 수 있다. 최소 인구 규모, 즉 소도시와의 구분을 위한 경계는 더더욱 불명료하지만, 우리나라에서는 일반적으로 인구 20만 명을 기준으로 삼고 있다. 따라서 중도시 도시 유형에 속하는 도시는 인구 20만 명 이상 50만 명 미만의 도시라고 정의할 수 있다.

이 도시 유형의 중도시와 대도시권의 중도시와의 명확한 차이는 공간구조와 개발 수요의 특성에서 찾을 수 있다(〈표 6-1〉 참조). 대도시권에 속한 중도시의 공간구조가 중심부 대도시뿐 아니라 주변 중도시들과 서로 복잡하게 연계되어 있는 것과 달리, 독립적 중도시의 공간구조는 단순하다. 대부분 도시 기능은 중심지에 집중되어 있고, 일부 고층을 제외하면 대체로 중저층 건물들로 구성되어 있다. 방사선의 도로망을 따라 외곽 지역에는 저층 중밀의 주거용 건물들이 분산되어 있다. 중심지에는 처음 도시가 형성될 때 당시의 핵심 기능들이 그대로 자리 잡고 있는데, 행정 도시로서 도와 시의 주요 행정 기구, 제조업 도시로서 산업 시설, 관광 도시로서 주요 관광 자원과 시설 등이 이에 해당한다.

이 도시 유형의 중도시들은 대도시권의 도시들에 비해 도시 기능의 경쟁력이 낮아서 중심지의 노후도가 심하고, 심지어 쇠퇴에 이르는 현상을 공통적으로 보이고 있다. 이 때문에 중심지의 주거 환경이 열악하여 외곽 지역에 중소 규모의 주거 단지가 새로이 개발되면서 중심지에는 공동화 현상이 발생하고 있다. 그러나 대부분 도시 기능은 여전히 중심지에 입지하고 있어서 출퇴근 시 방사선 교통망에서 교통 혼잡이 발생하고 있다. 이에 대한 해결 방안으로 중심지 주거 지역에 정비 및 재생 사업의 필요성이 대두되고 있지만, 저성장과 인구 감소로 인해 실현 가능성이 매우 낮다. 중심지 구도심의 쇠퇴가 심해질수록 주민들은 주거 환경이 양호한 외곽의 새 주거 단지를 더 선호하게 되어 외곽 지역의 개발 압력은 커지고 있다.

중도시의 분산적 도시발전은 건물, 수송, 흡수원, 폐기물 등의 부문에서서 탄소배출에 큰 영향을 미친다. 외곽 지역에 새로 건설된 주거 단지의 건물 연면적과 비례해 에너지 소비와 폐기물 발생이 증가하고, 양호한 산림 녹지의 면적이 줄어들고 있다. 분산적 주거 단지의 개발로 인해 버스의 효율적 운행이 어렵기 때문에, 자동차 이용률이 증가하여 수송 부문의 탄소배출량이 증가하고 있다. 중심지에서는 건물 노후도가 심해지며 에너지 소비의 비효율성이 커지고, 자동차 중심의 교통 체계의 심화로 탄소배출량이 늘어나는 것과 함께 도로와 주차장 면적의 증가로 공원 및 오픈 스페이스가 줄어들면서 기후 환경이 열악해지고 있다.

중도시에서 다양한 원인으로부터 발생하는 탄소배출을 효과적으로 감축하기 위해서는 브로치 삼각형의 공간구조를 이용하여 총체적 탄소중립 정책의 방향을 설정해야 한다. 〈그림 6-2〉에 나타난 중도시의 현재 공간구조(D점) 문제를 한마디로 요약하면, 외곽 주거 단지의 개발에 의한 분산형 토지이용의 분포와 방사선 교통망을 따라 자동차를 이용해 중심지에 도달하는 통행패턴으로 인하여, 토지이용의 평균 분포 거리(x축)가 길고, 평균 교통 거리(y축)도 길다는 것이다. 그 결과, 교통 에너지 소비는 증가하고, 흡수원의 면적은 감소하고 있는데, 이에 대하여 〈그림 6-2〉에는 '보행 생활권(N분 도시)으로 구성된 압축도시공

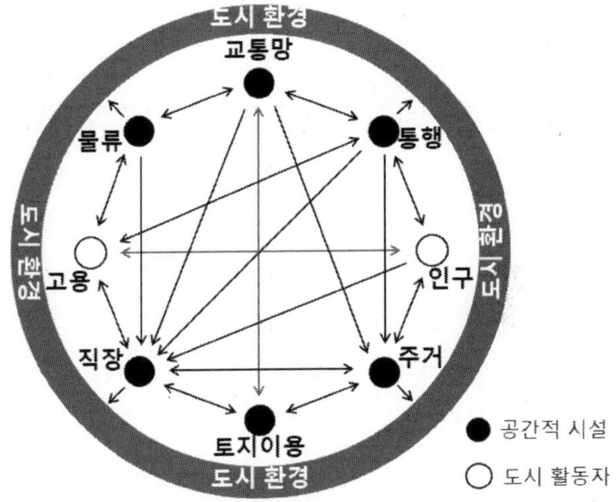

그림 6-2 중도시 현재와 장래 브로치 삼각형 공간구조
출처: Brotchie, 1984, 586쪽; 저자 수정.

간구조'를 장래 공간구조(D'점)로 설정하고 있다. 이 공간구조를 통해서는 자동차 총통행 거리를 줄이는 것이 직접적 목표이지만, 향후 외곽 지역의 주거 단지와 생활 서비스 시설을 버스 정류장을 중심으로 보행 생활권에 집중함으로써 버스 정류장으로의 접근성을 제고하여 버스 이용률을 높이는 것을 지향하도록 하고 있다. 중심지의 공간구조도 단핵 집중형의 압축도시정책과 더불어 다수의 보행 생활권, 즉 다양한 생활 서비스 시설을 공급하는 N분 도시정책(생활권 수 최대화, N분 최소화)을 도입해 자동차 총통행 거리의 감소와 녹색교통으로의 전환으로 평균 교통 거리를 줄이는 것을 목표로 삼고 있다.

브로치 삼각형에 제시된 장래 공간구조에 부합하도록 정책의 방향을 설정해 수행하면 장기적으로 각 부문에서 발생하는 탄소배출량을 기대한 만큼 줄이고, 탄소흡수량도 덩달아 제고할 수 있을 것이다. 그러나 지자체의 실무부서 담당자가 부문별 전략을 다른 부문과의 관련성을 고려하며 적용할 수 있도록 지원해야 한다. 이를 위해 여기서는 앞서 대도시권 도시 유형에서 한 것처럼 부문별 단계적 전략들을 서로 연계해 3개의 총체적 방안으로 제시했다. 중도시는 대도시권보다는 탄소배출과 흡수의 경로가 단순해 그만큼 적은 수의 방안이 마련되었다.

(방안-1) 중심지에는 내부를 다수의 보행 생활권으로 구성되는 직주 근접의 압축도시공간구조 정책(전환 단계 II 의 시책), 외곽 지역에는 방사선 교통망의 거점에 N분 도시 조성의 정책(전환 단계 II 의 시책)의 도입이 필요하다.

중도시에서는 개발수요가 제한적이므로 외곽 지역으로 개발 수요가 분산하는 것을 막기 위한 엄격한 성장 관리 정책을 추진해 중심지에 직주 근접의 압축도시공간구조를 조성할 수 있도록 해야 한다(전환 단계 Ⅱ의 시책). 외곽 지역에서의 추가적인 개발을 억제함으로써 중심지에서의 정비와 재생 사업을 추진할 수 있는 개발 수요를 확보할 수 있다. 이와 같은 방식으로 중심지에서 사업이 추진될 수 있다면, 신축 또는 리모델링 건물은 에너지 이용 효율성과 신재생에너지의 사용 비율이 높은 녹색건물(「탄소중립기본법」 제31조)이 되도록 해야 한다(전환 단계 Ⅰ의 시책). 나아가 중심지에서 정비와 재생 사업을 추진할 때에는 주거 지역에 상업 및 업무, 생활 서비스 등의 시설을 분산 집중적으로 공급하여 다수의 보행 생활권을 형성(전환 단계 Ⅱ의 시책)하고 보행로와 녹지 및 오픈 스페이스를 확보(전환 단계 Ⅰ의 시책)하도록 해야 한다. 이를 통해 쇠퇴하고 있는 중심지의 주거 환경을 쾌적하고 편리하게 개선함으로써 외곽 지역의 주거 단지보다 선호도가 높아질 수 있다. 외곽 지역에는 원칙적으로 새로운 개발 사업이 추진되지 않도록 하되 이미 조성된 주거 단지의 기존 건물에 대해서는 녹색건물로의 리모델링 사업(전환 단계 Ⅰ의 시책)을 적극적으로 시행하도록 지자체가 재정적으로 지원해야 한다. 리모델링 사업과 병행해 상업 및 업무, 생활 서비스 등의 시설을 추가로 공급함으로써 다수의 N분 도시가 형성될 수 있도록 한다. 외곽 지역에서의 개발을 막는 성장 관리 정책은 이 지역의 양호한 산림과 농경지를 보전하고 복원하여 흡수원의 면적을 확보하는 정책과 서로 연계되도록 해야 할 것이다.

(방안-2) 중심지와 외곽 지역의 보행 생활권(N분 도시)에는 버스 정류장 밀도 관리 정책(전환 단계 II 의 시책)과 자동차의 이용을 억제하는 정책(전환 단계 III 의 시책)의 추진이 필요하다.

외곽 지역의 주거 단지에서 버스를 이용하여 중심지까지 진입할 수 있도록 방사선 간선 도로를 대상으로 버스 노선을 확충하도록 한다. 이와 더불어 외곽 지역 주거 단지의 보행 생활권 중심에 버스 정류장을 설치하고, 그 주변의 개발 밀도를 상향하는 등 보행 생활권(N분 도시)을 위한 밀도 관리 정책(전환 단계 II 의 시책)을 추진한다. 버스 이용자의 목적지가 되는 중심지의 버스 정류장도 보행 생활권의 중심에 설치하고 여기도 버스 정류장 밀도 관리 정책을 적용하도록 한다. 이를 통해 기존의 자동차 통행이 대부분 버스 통행으로 전환될 것을 기대할 수 있다. 방사선 교통망을 따라 운행하는 버스 노선과 멀리 떨어진 지역의 주거 단지에 대해서는 수요 대응형 대중교통(demand responsive transit, 이하 DRT)을 도입해, 직접 중심지까지 운행하거나 가까운 버스 노선의 정류장에서 환승할 수 있도록 한다. 특히, 관광 자원이 도시에 산재한 중도시에서는 관광 목적의 통행자가 DRT를 쉽게 이용할 수 있도록 휴대 전화 앱에 기반을 둔 이용 서비스를 활성화하도록 해야 한다. 나아가 중도시 전역에서 대중교통의 이용을 활성화하기 위하여 자동차의 이용을 억제하는 정책(전환 단계 Ⅲ의 시책)을 도입해야 한다. 중심지 보행 생활권에 주차장 설치 제한, 방사선 간선 도로에서의 주행 속도 제한 등의 정책을 시행해야 한다. 특히, N분 도시에서는 자동차 이용을 금지하는 수준까지 억제해서 보행자가 빠르고 편리하고 쾌적하고 안전하게 목적지 건물까지 도달할 수 있도록 해야 한다.

(방안-3) 외곽 지역에는 양호한 산림과 농경지를 적극 보전하여 흡수원을 확대하는 정책(전환 단계 Ⅱ의 시책)과 지역 에너지 전환을 지원하는 정책(전환 단계 Ⅰ의 시책)의 도입이 필요하다.

중도시 외곽의 도시 경계부에는 대체로 양호한 산림과 농경지가 자리 잡고 있는데, 최근 외곽 지역의 주거 단지 개발로 인하여 훼손되는 곳이 늘어감에 따라 탄소흡수원의 면적이 감소하고 있는 추세다. 따라서 외곽 지역에 대한 엄격한 성장 관리 정책(전환 단계Ⅱ의 시책)의 시행을 기반으로, 이 지역에는 탄소중립 목표를 달성하는 데 흡수원 부문의 비중이 큰 소도시 도시 유형에 도입하는 시책(전환 단계Ⅰ의 시책)을 적용해야 한다. 무엇보다 도시 경계부 지역의 양호한 산림을 적극적으로 보전해야 하고, 나아가 본래 산림이었다가 다른 용도로 전환된 토지에 대해 재조림을 통해 산림으로 환원하여 지자체의 탄소흡수량을 증진하는 정책(「탄소흡수원 유지 및 증진에 관한 법률」 참조)을 추진해야 한다. 게다가 산불, 산사태, 병충해, 이상기후 등의 재해로 인해 황폐화된 토지에 대해서는 신규 조림이나 재조림 등을 통해 양호한 탄소흡수원으로 거듭나도록 복원해야 한다. 지자체는 이와 같은 정책을 원활하게 시행하기 위해 해당 토지의 소유주를 대상으로 재정 및 기술적 지원 정책(전환 단계Ⅲ의 시책)을 함께 마련해야 한다. 도시 경계부의 유휴지나 농지에 대해서는 태양광 발전설비(전환 단계Ⅰ의 시책)를 설치해 재생에너지를 생산하도록 해야 한다(「탄소중립기본법」 제30조 참조). 이를 통해 농업에 필요한 전력을 농지 가까이에서 자체적으로 생산하여 사용할 수 있도록 하고, 잉여 전력을 가까운 도시 지역에 판매함으로써 농가의 수익을 올릴 수 있도록 해야 한다.

이 절을 마무리하기 전에, 짚고 넘어가야 할 점은 대도시권 도시 유형과 마찬가지로 중도시 도시 유형에 속한 지자체들도 전환 단계 Ⅱ의 시책을 적용할 때에는 '지자체 탄소중립 녹색성장 기본계획'(「탄소중립기본법」 제11조와 제12조 참조)의 온실가스 감축 목표에 반영할 수 있도록 총체적 방식으로 탄소배출량을 산정하고 사후에는 반드시 검증해야 한다는 것이다. 따라서 지자체의 실무 담당자는 중심지와 외곽 지역 주거 단지의 보행 생활권과 연계된 버스 정류장 밀도 관리 권역에서 시행되는 지자체의 정비와 재생 사업에 대한 건물, 수송, 흡수원 등에서의 탄소순감축 효과를 예측하고, 예측 결과를 반영해 사업 계획을 수정하도록 해야 할 것이다. 수정된 사업 계획에 대해서도 탄소배출 · 흡수량을 반복 산정하여 순 효과가 가장 큰 최종안을 도출하는 과정을 밟아야 하며, 사업이 완료된 후에는 실증 데이터를 이용하여 탄소순감축 효과를 산정하는 수식의 계수를 검증할 수 있도록 해야 한다.

소도시 도시 유형의 전환 전략

소도시의 인구 규모는 도시의 형태를 갖출 수 있는 최소 인구 5만 명 이상(「지방자치법」 제10조 참조)부터 인구 20만 명 까지를 일반적인 기준으로 삼고 있다. 그러나 대부분 소도시는 도시계획 제도를 기준으로 볼 때 도시기본계획을 수립하지 않아도 되는 인구 10만 명 이하「도시 · 군기본계획수립지침」 제2장 참조)다. 이런 소규모 도시에는 1차 산업(농업, 어업, 축산업, 산림 등)이 다른 산업보다 높은 비중을 차지하고 있는데, 이런 여건에서는 지금까지 그랬듯이 장래에도 새로운 도시 기능의 유입을 기대할 수 없어서 도시공간구조에도 별다른 변화가 생기지 않을 것이기 때문에 장기적인 도시 종합 계획을 수립할 필요가 없다. 그러나 거주 인구의 수가 급격히 줄고 있고 고령화가 심한 일부 소도시에서는 최근 폐가가 빠른 속도로 늘어나고 있다. 따라서 인구의 규모가 작더라도 이런 도시에서는 쇠퇴하는 취락 지역을 체계적으로 정비하여 개발 이전의 산림으로 복원하기 위한 목적으로 도시기본계획을 수립하는 것은 필요할 것이다.

소규모 분산적 공간구조와 저성장 및 고령화의 경제 · 사회적 여건으로 인해 소도시에서 발생하는 탄소배출량은 미미하고 국토 전체에서 차지하는 비중도 매우 낮다. 그러나 소도시의 풍부한 산림, 농경지, 초지 등을 활용하면 탄소흡수원을 크게 확대할 수 있을 뿐 아니라, 이곳에 재생에너지 발전 설비를 적극적으로 설치하면 전환 부문에서의 탄소배출을 많이 줄일 수 있다. 이와 같이 적지 않은 탄소감축의 잠재력을 실현하지 못한다면 이는 그만큼 탄소를 더 배출한 것으로 간주해야 할 것이다. 이 밖에도 소도시에서는 노후도가 심한 농가와 오래된 비닐하우스 등 낡은 농업 시설로 인해 불필요한 전력의 손실이 발생하고 있다.

소도시가 지닌 탄소감축의 잠재력을 극대화하고 작은 규모의 탄소배출도 최소화하기 위해서는, 브로치 삼각형의 공간구조를 이용하여 소도시에 적합한 탄소중립 정책의 방향을 총체적으로 설정해야 할 것이다. 〈그림 6-3〉에 나타난 현재 공간구조(D점)의 특성을 한마디로 요약하면, 소도시는 지형 조건에 따라 분산적으로 개발된 소규모의 농경지들을 따라 자연 발생적으로 형성된 소규모의 마을들에 의해 분산형 토지이용의 분포를 보인다. 동시에 분산된 개별 농가와 읍을 연결하는 최소한의 교통망(=고립적 교통망)을 따라 읍에서 행정, 의료, 문화 등의 서비스 수취, 농산물의 판매, 물품 및 자재의 구입 등의 활동 목적을 위해 자동차로 이동하는 통행패턴을 보인다. 즉 현재 소도시의 공간구조는 브로치 삼각형에서 긴 토지이용의 평균 분포 거리(x축)와 짧은 평균 교통 거리(y축)의 좌표로 나타난다. 이에 대하여 〈그림 6-3〉은 '자립 마을로 구성된 분산형 공간구조'를 소도시의 장래 공간구조(D′점)로 제시하고 있다. 여기서 소도시의 현재와 장래 공간구조의 차이는 두드러지게 나타나지는 않는다. 장래에도 농가는 농경지와 분리될 수 없으므로 현재와 같은 토지이용의 평균 분포 거리를 보이지만, 장래 자동차의 평균 통행 거리는 현재보다 약간 줄어들게 된다. 이와 같은 변화를 이끌려면, 현재 농가의 입지를 그대로 유지한 채로 농가 및 마을을 자립적으로 개선함으로써 읍까지의 자동차 통행 수요를 줄이도록 해야 한다. 장래에 고령화로 인해 폐가가 늘어날 경우, 단기적으로는 속한 마을에 필요한 자립 기능을 제공하는 시설로 이용하고, 장기적으로는 속한 마을과 도로 등 인프라를 철거하고 자연 상태의 산림 및 녹지로 복원하도록 해야 하는데, 이 경우에는 토지이용의 평균 분포 거리가 줄어들 것으로 보인다.

〈그림 6-3〉의 브로치 삼각형에 제시된 소도시의 장래 공간구조에 부합하도록 정책의 방향을 설정하여 수행하면 장기적으로 각 부문에서 발생하는 탄소배출량을 기대

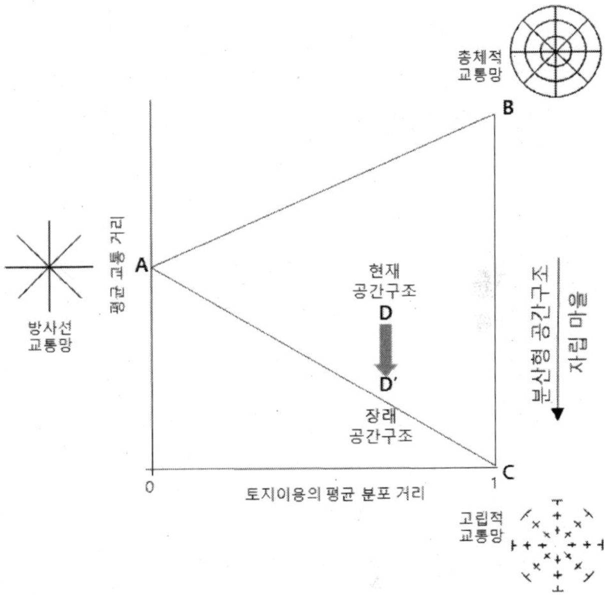

그림 6-3 소도시 현재와 장래 브로치 삼각형 공간구조
출처: Brotchie, 1984, 586쪽; 저자 수정.

한 만큼 줄이고, 탄소흡수량도 덩달아 제고할 수 있을 것이다. 그러나 지자체의 실무 부서 담당자에게는 부문별 전략을 다른 부문과의 관련성을 고려하며 적용할 수 있게 하는 총체적 방안이 필요하다. 이를 위해 여기서는 부문별 단계적 전략들을 서로 연계해 3개의 총체적 방안을 제시했다.

(방안-1) 현재 소도시의 저밀 · 분산형 공간구조를 지속하여 유지하되(전환 단계 II의 시책), 노후한 건물들의 정비 시 마을뿐 아니라 개별 건물 차원에서 에너지와 식량의 자립, 각종 쓰레기의 재활용 및 순환 처리 등을 위한 시설을 설치해 자립 마을로 전환할 수 있는 정책의 도입이 필요하다.

소도시의 넓은 지역에 분산적으로 분포한 농경지를 따라 소규모로 형성된 마을은 대부분 주거와 영농을 위한 단층 건물로 이루어져 있는데, 건물들은 노후도가 심하고 실제 이용되지 않은 채 방치된 경우가 많다. 이와 같은 건물과 시설물(비닐하우스, 창고, 가축 사육장 등)들은 계속 농경지 가까이에 있어야 하므로 입지를 변경하는 대신 그 장소에서의 리모델링이 추진되어야 한다. 리모델링이 시행되는 경우, 개별 건물뿐 아니라 건물들이 집합된 마을의 다른 시설물과 공용 공간 등을 대상으로 탄소배출을 막기 위한 효과적인 방안을 도입해야 한다(전환 단계 I의 시책). 건물에 대해서는 녹색건물(「탄소중립기본법」 제31조 참조)로 전환하는 시책을 도입하고, 시설물과 공용 공간에 대해서는 토지를 집약적으로 이용하도록 정비하여 흡수원의 면적을 확대할 뿐 아니라 태양광 발전 설비를 적극적으로 설치해 탄소감축에 기여하도록 해야 한다. 또한 마을의 가정과 시설물에서 발생하는 각종 쓰레기를 재활용하고 순환 처리함으로써 바이오 가스와 퇴비로 재사용할 수 있도록 해야 한다(전환 단계 Ⅰ의 시책). 정부와 지자체는 이와 같은 자립 마을을 위한 리모델링 사업을 제도 및 재정으로 지원해 사업이 원활하게 시행될 수 있도록 해야 한다(전환 단계Ⅲ의 시책). 특히, 장기간 이용되고 있지 않은 상태로 방치된 건물과 시설물은 장기적 계획(=도시기본계획)에 따라 폐기해 원래 자연의 상태로 복원해야 한다(전환 단계 Ⅱ의 시책). 이 경우 방안-3의 시책을 적용하도록 한다.

(방안-2) 분산된 농가와 마을에는 대중교통보다 전기자동차(화물차 포함)를 이용할 여건을 마련하고, 공공의 방문 서비스를 활성화하는 등 수송 부문의 탄소감축 정책을 도입하는 것이 필요하다.

지역에 설치된 태양광 발전 설비를 통해 생산된 전기를 교통 목적으로 이용하도록 전기자동차 충전 시설을 설치하도록 한다(「탄소중립기본법」 제30조 참조). 이를 위해 정부와 지자체는 필요한 제도와 재정 지원을 정책적으로 마련해야 한다(전환 단계Ⅲ의 시책). 또한 자립 마을의 주민에게 필요한 행정, 의료, 생활, 복지 등의 서비스를 지자체 담당자가 마을을 방문해 제공함으로써 비효율적인 대중교통(=노선버스)의 운행에 따른 탄소배출을 막도록 해야 한다. 다만 불가피하게 읍에 있는 시설을 직접 이용해야 하는 주민을 위해서는 DRT 서비스 등 효율적 대중교통 이용의 대안적 방안을 마련해 제공해야 할 것이다(전환 단계 Ⅰ의 시책).

(방안-3) 기존 산림과 농경지를 적극 보전하고(전환 단계 II의 시책), 훼손된 산림을 복원하며, 산림의 지속가능한 관리 방안을 도입하고, 영농형 태양광 발전 설비를 적극 설치하는 등의 정책이 필요하다.

방만한 농경지의 분산적 확대를 억제하고(전환 단계 Ⅱ의 시책), 집약적 농업을 위한 자립 마을의 개선 사업들(전환 단계 Ⅰ의 시책)을 적극 추진해 기존 흡수원을 확보하는 데서 그치지 않고 계속 확대해 나가도록 해야 한다. 특히, 장기간 이용되지 않고 방치된 마을의 건물과 시설물을 폐기한 후 양호한 산림으로 복원하는 등 탄소흡수원의 확충 정책(「탄소중립기본법」 제33조 참조)을 시행하도록 해야 한다. 정부와 지자체는 이와 같은 전환이 가능하도록 제도 및 재정으로 지원하는 것이 필요하다(전환 단계 Ⅲ의 시책). 기존 산림뿐 아니라 확보된 산림에 대해서도 지속가능한 관리 정책을 추진해 산림의 탄소흡수량을 증진해야 한다. 농지와 초지에 대해서는 탄소포집을 최적화하기 위한 탄소 농업 등을 시행하고 초지의 식생 관리를 통해 탄소 흡수량을 제고하도록 해야 한다. 나아가 농지에 농업 활동과 겸할 수 있는 영농형 태양광 발전 설비(전환 단계 Ⅰ의 시책)를 설치해 재생에너지를 생산할 수 있도록 해야 한다(「탄소중립기본법」 제30조 참조). 이를 통해 농업에 필요한 전기를 자급적으로 조달하고, 잉여 전기를 가까운 도시 지역에 판매하도록 하여 농가의 수익을 올릴 수 있게 해야 한다.

이 절을 마무리하기 전에, 소도시 도시 유형에 속한 지자체들에게도 공간구조적 시책(전환 단계 Ⅱ의 시책)을 도입할 경우, '지자체 탄소중립 녹색성장 기본계획'(「탄소중립기본법」 제11조와 제12조 참조)의 온실가스 감축 목표에 반영할 수 있도록 총체적 방식으로 탄소배출량을 산정하고 사후에는 반드시 검증해야 함을 강조하고자 한다. 특히, 지자체의 실무 담당자는 장래 여러 곳에 분산된 농가와 속한 마을을 자립적으로 개선함에 따른 효과와 폐가로서 소멸하면서 자연 상태로 복원할 때 건물, 수송, 흡수원 등에서의 탄소순감축 효과를 구분해 예측함으로써 장기적 탄소감축 목표에 반영할 수 있어야 한다.

참고문헌

이승일(2019). 『스마트 도시계획』. 커뮤니케이션북스.

이승일(2022). 『탄소중립도시를 위한 역세권 개발론』. 커뮤니케이션북스.

Brotchie, J. F.(1984). Technological change and urban form. *Environment and Planning A*, *16*, pp.583-596.

맺는 말

〈탄소중립도시 연구 시리즈〉의 두 번째 결과물

2022년 12월 1일 〈탄소중립도시 연구 시리즈〉의 첫 서적으로 『탄소중립도시를 위한 역세권 개발론』을 출간했다. 이 책에서 저자는 수도권의 교통 체계와 공간구조를 대상으로 삼아 지속가능한 탄소중립도시를 위한 역세권 개발의 전략을 제안했다. 여기서 저자는 탄소중립도시의 역세권이 되도록 하려면 기존 역세권 개발의 방식과 달리 도시에서 일어나는 기존 활동의 방식을 전환해도 지속가능성이 손상되지 않게 하는 전략이 중요하다고 했다. 이를 위해 저자는 도시의 근본적인 물리적 조건, 즉 도시공간구조를 개조하는 전략과 연계해야 함을 강조했다. 그러나 이는 장기간에 걸쳐 이루어지게 될 생소하며 복잡한 일이므로, 저자는 이를 "탄소중립도시를 향한 대장정"이라고 불렀다.

이와 같이 생소하고 복잡한 대장정의 여정을 떠나면서, 저자는 도시발전의 과거와 현재를 이어 미래에 이를 수 있는 이론과 방법론 즉 나침반으로 무장해, 한 치의 착오 없이 가야 할 길을 안내해야 한다고 했다. 왜냐하면 혹시 잘못된 길에 들어서게 되면 그만큼 많은 사람이 기후위기의 악화로 인하여 큰 고통을 받는 혹독한 대가를 치르게 될 것이기 때문이다. 이런 이유로 저자는 나침반의 역할을 할 전문 서적을 향후 10년 동안 집필해 〈탄소중립도시 연구 시리즈〉로 출판할 것을 독자에게 약속드린 바 있다. 『탄소중립도시를 위한 역세권 개발론』이 그 첫 결과물이라면, 이번에 출간하는 『탄소중립도시의 이해』는 바로 두 번째 결과물이다.

첫 결과물이 출간된 후 약 3년이 지난 다음에야 비로소 출간되는 이 책은 학문적으로나 실무적으로 아직까지 실체가 모호한 탄소중립도시의 개념을 명료하게 규명하고, 이를 바탕으로 탄소를 많이 배출하는 현재 우리나라의 도시들을 특성에 따라 유형으로 나누어, 단기뿐 아니라 중장기적으로 탄소중립의 도시로 전환하기 위한 체계적 전략을 마련하여 제시했다. 그래서 이 책은 전국의 모든 지자체 실무 부서 담당자로 하여금 탄소중립도시 업무를 도시계획과 개발의 업무와 연계시켜 효과적으로 수행하는 데 실질적인 도움을 줄 수 있을 것으로 기대한다.

지금까지 출간된 두 권의 〈탄소중립도시 연구 시리즈〉는 아직 낯선 탄소중립도시의 정책이 우리 사회에서 바르게 자리 잡을 수 있도록 총론적 성격으로 집필되었다. 그러나 세 번째 〈탄소중립도시 연구 시리즈〉부터는 학술적 연구와 정책 실무에서 요구되는 개별적 사안에 구체적으로 대응할 수 있는 각론적 지침서들을 발간할 예정이다.

세 번째 결과물이 될 '탄소회계시스템, 왜 그리고 어떻게'에서는 탄소중립도시의 실현 과정에서 가장 시급한 사안인 탄소배출량을 검증하는 일에 대해서 살펴볼 예정이다. 국가적으로 탄소중립을 달성하려면 국가-도시 그리고 도시-도시 간의 복잡한 관계를 총체적으로 고려해 국가뿐 아니라 지자체, 기업, 가정 등이 법과 제도에서 제시하고 있는 모든 시책을 빠짐없이 효과적으로 적용해야 한다. 이와 같은 노력은 탄소배출량을 산정한 결과로 평가받아야 하는데, 이를 위하여 '탄소회계시스템'이 필요하다. 탄소회계시스템은 돈 대신 탄소를 회계의 대상으로 삼는다. 탄소회계시스템은 시책을 시행하기 전에 감축 목표량을 산정하기 위해 필요하고, 사업이 완료된 후에는 실증 데이터로 감축량 산정식의 계수를 검증하기 위해서도 필요하다. 그래서 저자는 성공적으로 탄소중립도시에 이르기 위해 국가를 비롯한 탄소감축 및 관리의 주체들에게 가장 시급한 것이 바로 탄소회계시스템을 개발해 활용하는 일이라고 여기고 있다. 이런 이유로, 저자는 '탄소회계시스템, 왜 그리고 어떻게'를 〈탄소중립도시 연구 시리즈〉의 세 번째 결과물로 삼고자 한다.

끝으로 저자는 이 책의 뒤표지에 제시한 〈탄소중립도시 연구 시리즈〉 발간 계획에 포함된 서적들도 탄소중립도시 나아가 탄소중립사회에 이르는 데 하나도 빼놓을 수 없는 중요한 사안들임을 강조하고자 한다. 따라서 저자는 이 책에 이어 나머지 서적도 10년 이내에 계속해서 집필해 나갈 것임을 독자들에게 다시 한번 약속드린다.

이승일

서울시립대학교 도시공학과 교수다. 서울대학교 조경학과에서 학사학위를 받은 후 현대건설에 있으면서 중동의 여러 건축현장 일을 했다. 독일 도르트문트대학 공간계획학과에서 석사학위와 박사학위를 취득한 후 국토연구원에서 근무했고, 2001년부터 지금까지 서울시립대학교 도시공학과에서 학생들을 가르치고 있다. 도시정책학회 회장, 대한국토·도시계획학회 학술지편집위원장, 서울시립대학교 도시과학연구원장, 도서관장 등을 역임했고, 현재 한국도시계획가협회 회장, 서울시립대학교 시공간분석연구소와 미래도시솔루션연구소 대표, BK21 사업단장, 탄소중립 특성화대학원 사업단장 등의 역할을 수행 중이다. 지난 25년간 도시통합모델의 개발에 관한 연구를 꾸준히 수행했으며 데이터 중심의 도시계획에 관한 많은 논문을 출간했다.

표지 그림 강정임

한국외국어대학 영어학과를 졸업하고 독일 도르트문트 미술대학 조형디자인학과에서 석사학위를 받았다. 협성대학교 환경조형연구소 상임연구원과 미술학과 강사를 역임했다. 한국미술협회 회원으로 추상화, 장식디자인, 교회장식 등에서 자유 작가로 활동 중이다.

미래도시솔루션연구소

미래도시솔루션연구소(Future City Solution Lab: FCS-Lab)는 2017년 서울시립대학교 학교기업으로 설치된 시공간분석연구소의 역할을 이어받아 2024년 12월 27일 서울시립대학교 산학협력단 지주회사의 자회사로 설립되었다. FCS-Lab은 인류의 생존을 위협하는 기후위기의 시대를 맞이하여, 전국 지방자치단체가 성공적으로 지속가능한 탄소중립도시 전환을 달성하는 데 필요한 모든 솔루션을 제공할 것이다. 특히, 빅데이터와 AI를 통해 도시의 시설과 기능을 이용하는 다양한 도시활동을 시스템으로 재현함으로써 탄소중립 관련 연구 과제, 정책 과제, 기업 과제를 수행하고자 한다. 〈탄소중립도시 연구 시리즈〉는 FCS-Lab 대표인 이승일 교수가 탄소중립도시 관련 연구의 기반 이론과 성과를 집약하여 정기적으로 출간하는 서적을 말한다.

〈탄소중립도시 연구 시리즈〉

탄소중립도시를 위한 역세권 개발론(2022년)
탄소중립도시의 이해(2025년)
탄소회계시스템, 왜 그리고 어떻게(2025년 근간)
탄소중립사회 되돌아보기(2026년 근간)
탄소중립, 비관론 vs. 낙관론(2026년 근간)
도시시스템, 도시계획의 핵심 인프라(2027년 근간)

탄소중립도시의 통합모델 구상하기(2027년 근간)

왜 서울인가(2028년 근간)

미래 국토를 계획하기(2028년 근간)

미래 도시를 계획하기(2028년 근간)